はじめに

　本書の目標は、2019 年後半に出現した新型コロナウイルス（Severe acute respiratory syndrome coronavirus 2、SARS-CoV-2）に関する理解である。SARS-CoV-2 の対抗薬を考えていくためには、ウイルスの増殖法と遺伝子発現のしくみの理解が必要とされるため、他のウイルスも含めて「ウイルスと遺伝子」のしくみを基本から説明した。本書は次の 14 章で成り立つ。

　1 は生物とウイルスの基本、2 から 5 は化学や生物の基本である。ウイルスの増殖や遺伝子の発現を理解する上で必要となる。理解している方、あるいは最初からウイルス部分を読みたい方は読み飛ばしていただいてもかまわない。6 では、病原微生物の 2 大グループの一つである細菌を取り上げ、抗菌薬（抗生物質）についても解説した。7 から 11 では、四つのウイルスの共通性と違いの解説を通じて、ウイルス増殖法や遺伝子発現の過程がしだいに理解できるように説明した。12 ではヒトゲノム、生物進化とウイルスの関係、13、14 ではヒトの免疫系と PCR 法の基本を説明した。

　SARS-CoV-2 は目に見えない。それが怖れの源泉となっている。著者は予備校で生物を教えるとともに、市議として、市民の不安や意見を自治体や保健所に届け、また自治体や保健所の対処方針を市民に解説する活動もしてきた。そのような中、怖れや無理解が、極端な悲観論や感染者への差別などにつながっている例を少なからず見てきた。本書執筆時点（2020 年 9 月）で、SARS-CoV-2 に対する決定的な対抗策があるわけではなく、私たちは医療崩壊を防ぎ、予防を心掛けながらの社会生活をしていくしかない。

　SARS-CoV-2 の増殖法や遺伝子発現過程をきちんと知ることが、怖れに対する免疫の一つになるのではないかと思う。本書をきっかけに、ウイルスと遺伝子のしくみを知り、今後の報道などを冷静に理解する上でのヒントになれば幸いである。

2020 年 9 月 9 日　朝倉幹晴

1 生物とウイルスの特徴

『細胞の分子生物学』(*Molecular Biology of the Cell* [1]) は、高等教育における生物学の標準的な教科書である。そこには生物について以下のように記されている。

> 地球は生物、つまり周囲から素材を取り入れて自己を複製する複雑な組織を持った不思議な化学工場*1で満ちている。(中略)生物はすべて細胞という単位からなり、細胞の基本的機能のしくみは共通だということがわかっている。
> ——『細胞の分子生物学』(*Molecular Biology of the Cell*, 2007)

生物の基礎単位は細胞 (cell) である。細胞は細胞膜 (plasma membrane) で外界から隔てられた構造であるが、その特徴から二つに大別される。

真核細胞　核膜に包まれた核を持ち、その中に DNA を収納する。また、ミトコンドリアなど様々な細胞小器官、細胞内構造体を持つ。

原核細胞　核膜に包まれた核を持たず、DNA が細胞の中(細胞質)に裸で存在する。また、細胞内構造体も少ない。

真核細胞で構成された生物を真核生物 (eukaryote)、原核細胞で構成された生物を原核生物 (prokaryote) という。図1の上部分が代表的な真核生物と原核生物の構造である。真核生物には、動物(ヒトなど)、植物(サクラなど)、菌類(キノコ、カビ、コウボなど)、原生生物(ゾウリムシ、ミドリムシなどの単細胞生物、ならびに緑藻、褐藻、紅藻など藻類の多くの総称)が含まれる。動物、植物、菌類の多くは、多数の細胞が個体を形成する「多細胞生物」である。原生生物の多くは一つの細胞が個体となっている「単細胞生物」である。外界からエネルギーを得る方法は、動物は摂食、植物は光合成、菌類は分解吸収であり、個体の形態や生活様式は異なる。しかし、それらを構成する一つ一つの細胞、「真核細胞」の基本構造は類似している。図1はコウボの細胞内に構造を示している。細胞は細胞膜に包まれ、細胞内に核膜に包まれた核を持ち、様々な種類の細胞小器官、細胞内構造体が役割分担をして働いている点は共通している(但し、存在する細胞小器官、細胞内構造体、細胞壁の有無には差がある)。たとえば、ミトコンドリアは呼吸(糖などの分解)でエネルギーを作り出す。リボソームという粒では遺伝子*2の情報をもとにタンパク質が合成される。また後述するように(【18】☞ p. 27)遺伝子が発現するしくみはどれも同じである。

原核生物に含まれるのは大腸菌やラン藻などの細菌 (Bacteria) と、古細菌 (Archaea)*3 である。原核生物は、多くの場合、単細胞であり、原核生物=原核細胞である。また原核

---

*1 筆者注:自然の象徴としての「生物」と、自然破壊を伴う存在にもなりうる人間社会の「化学工場」という二つの言葉の間にギャップを感じる人もいるだろう。しかし後述するように(【18】☞ p. 27)、顕微鏡レベルの小さな空間(細胞)でタンパク質合成や DNA 複製を行うしくみを学ぶと、しだいに「不思議な化学工場」という表現の意味が感じられると思う。

*2 遺伝子 (gene) とは、自己複製し、世代を通じて親から子に受け継がれ、生物やウイルスの形質発現の情報を伝達する因子のこと。具体的には DNA や RNA のある長さを持った特定の領域を示す。

*3 古細菌は生物進化の初期に細菌と分岐したグループで、メタン生成菌、超好熱菌、高度好塩菌などを含む。本書のテーマであるヒトへの病原性は持たないグループなので、本書では説明を省略する。

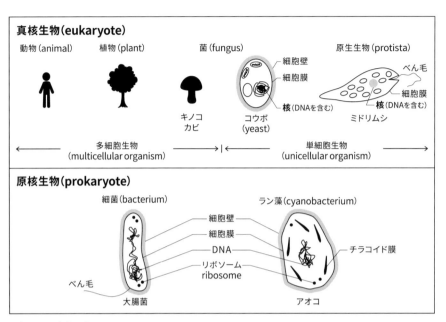

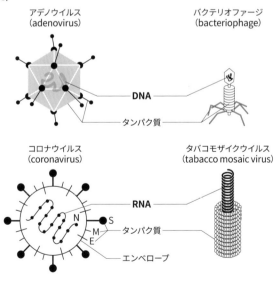

図1 真核生物、原核生物、ウイルス

細胞は、核膜に包まれた核がなく、DNA は細胞質内にある。真核生物に比べて細胞内構造体の種類は少ない。ただ、タンパク質合成装置であるリボソームを持ち、自ら必要なタンパク質を合成できる。また、細胞膜の外側に細胞壁を持つ。ラン藻の場合、光合成をおこなうチラコイド膜を持つ。

　それではウイルス（virus）とはどういう存在だろうか？　図 1 の下部分が代表的なウイルスの構造である。ウイルスは、遺伝子として DNA か RNA を持ち、それが脂質の膜（エンベロープ）やタンパク質に包まれている。しかし、細胞膜で包まれた細胞構造は持たず、とりわけタンパク質合成装置であるリボソームを持たない。自らでタンパク質を合成できないこともあり、単独で分裂して増えるなどの自己増殖はできない。そのため、他の細胞（宿主細胞）の内に侵入し、宿主細胞のリボソームなどのしくみを乗っ取って増殖する。いわば寄生体である。ウイルスの増殖方式については後述する（【36】☞ p. 55）。

2　生体構成物質とその分子の成り立ち

【1】　数珠状構造 ―糖質、タンパク質、核酸―

　生物の体を構成する生体構成物質は、以下のように分けられる。

　1. 糖質（炭水化物）　2. タンパク質　3. 脂質
　4. 核酸　5. 無機塩類　6. 水

　人体の場合、水は約 60% を占める。5 の無機塩類はミネラルとも呼ばれ、体の様々な微調整のために働く。栄養学では、1 の糖質（炭水化物）、2 のタンパク質、3 の脂質をあわせて「三大栄養素」と呼ぶ。4 の核酸は遺伝物質として機能する物質、DNA と RNA の総称である。

　このうち 1 から 4 までは分子の骨格に炭素を持った炭素化合物（有機物）である。図 2 にそれぞれの代表的な分子の特徴をまとめた。「脂質」は炭素の長い鎖の両側に水素が結合した長い構造を分子の骨格にしている。糖質、タンパク質、核酸は類似した構造を持つ。それぞれ「糖」「アミノ酸」「ヌクレオチド」を基礎単位とし、それが数珠のようにつながった数珠状構造をしている。基礎単位同士が結合する反応は、連結部で水分子が外れるので「脱水縮合」と言われる。逆に水分子を連結部に加え、数珠を基礎単位にまでバラバラにする反応を「加水分解」という。消化液の中には、この加水分解を行う酵素が含まれており、食物の中の糖質やタンパク質などを、基礎単位である糖やアミノ酸などにまでバラバラにし、小さな分子としたうえで小腸の壁から吸収する。

【2】　生体構成物質を構成する主な 6 種類の元素

　自然界の物質は、ふつうの実験ではそれ以上分割することができない最小の粒子「原子」（atom）からできている。原子の種類を元素（element）といい、自然界に約 90 種類存在している。しかし生物が生命活動に使う元素の種類は 20 種程度であり、特に細胞の構造を形づくる有機物（糖質、タンパク質、脂質、核酸）は、ほぼ 6 種類の元素（水素、炭素、窒素、酸素、リン、イオウ）だけでできている。

　高校の化学では、多くの種類の元素の性質や特徴を学ぶ。まず、元素に関わる理論的基礎（理論化学）、工業などでの反応に関係が深い分野（無機化学）、石油化学工業とともに発展してきた炭素化合物について学び、最後に生体構成物質（糖質、タンパク質、脂質、

4

●糖質（炭水化物）saccharide（carbohydrate）

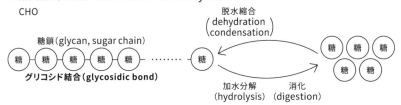

●タンパク質（protein）

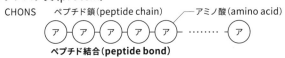

●脂質（lipid）

```
CHO   H  H  H  H  H      H  H
      |  |  |  |  |      |  |
   H—C—C—C—C—C— …… —C—C—COOH
      |  |  |  |  |      |  |
      H  H  H  H  H      H  H
```

●核酸（nucleic acid）

図2　生体構成物質の構造

核酸）を学ぶ。したがって、生体構成物質を詳しく学ぶのは、理系進学者で化学、生物を学ぶ高校生のみとなり、高校三年あたりに学ぶことになる。しかし、上記6種類の元素を理解できれば、生体構成物質の基本は理解できる。そこで、本書では、理系進学者以外でもわかるように生体構成物質を構成する6種類の元素に関し、原子やそれから組み立てられている分子の基本から解説していきたい。

　原子は1ないし2文字の英字で示す元素記号を使って表現される（表1）。

水素（hydrogen）	H
炭素（carbon）	C
窒素（nitrogen）	N
酸素（oxygen）	O
リン（phosphorus）	P
イオウ（sulfur）	S

表1　生体を構成する主な6元素の元素記号

生体構成物質は元素記号を使って、糖質（炭水化物）と脂質は主にC、H、O、タンパ

ク質は C、H、O、N、S、核酸は C、H、O、N、P と書くことができる。

【3】 原子の構造と結合の性質

　いくつかの原子が結びついてできた粒子を分子（molecule）という。原子はどのような組み合わせで分子を作るのか？

　原子は、＋の電荷（正電荷）を帯びた原子核（＋の電荷を持つ陽子と電荷のない中性子からなる）と、原子核をとりまく－の電荷（負電荷）を持った電子とでできている。原子核の＋の電荷数（原子核の中にある陽子の数）と電子の数は等しいので、原子全体では電気的につりあっている。原子核の中にある陽子数（＋の電荷数）を原子番号といい、原子番号と電子の数は等しい（表2）。

元素記号	H	C	N	O	P	S
原子番号（陽子数、電子数）	1	6	7	8	15	16

表2　生体を構成する主な6元素の原子番号

　原子を原子番号順に並べた場合、原子番号が大きくなるにつれ、電子は原子核に近いものから順に、K殻、L殻、M殻、……と呼ばれる層に、内側から順に入る。K殻、L殻、M殻に入る最大の電子数はそれぞれ2個、8個、18個である。各電子殻は、さらにs軌道、p軌道、d軌道などの軌道に分けられ、それぞれの軌道とそれに配置される最大の電子数は表3のようになる。

K殻	s（2個）			計2個
L殻	s（2個）	p（6個）		計8個
M殻	s（2個）	p（6個）	d（10個）	計18個

表3　電子殻を構成する軌道とそれらに配置される最大の電子数

　それぞれの原子にとって、一番外の軌道にある電子を最外殻電子（価電子）という。表4のように、HではK殻に1個、C、N、OではL殻に4、5、6個、P、SではM殻に5、6個の最外殻電子がある。

原子	電子数	K殻	L殻	M殻
	最大数	2	8	18
H	1	1		
C	6	2	4	
N	7	2	5	
O	8	2	6	
P	15	2	8	5
S	16	2	8	6

表4　生体を構成する主な6元素の電子配置

　最外殻がK殻かL殻になる原子（H、C、N、O）は、最外殻の電子数が最大数になる

と安定する性質がある。K殻ならば2個、L殻ならば8個である。そのため、他の原子と最外殻の電子を一部共有し、お互いの最外殻が最大数の電子で満たされるように結合する傾向がある。

図3にH、C、N、O原子の電子殻と、それらが結合してできる代表的な分子における共有電子対を示した。

たとえば水素原子の場合、二つの水素原子が接近し、お互いの1個の電子を共有しあい電子殻を重ねあわせると、それぞれの原子の最外殻のK殻が2個で満たされたことになる。こうして二つの原子が結合したものが水素分子であり、実際の水素ガスはこの水素分子から成る。

このとき、それぞれの原子の最外殻電子1個ずつを共有した電子対を、共有電子対（shared electron pair）と呼ぶ。また、共有電子対によって作られる原子間の結合を共有結合（covalent bond）という。共有結合を形成するとき、H（水素原子）は最外殻のK殻に2個、C（炭素原子）、N（窒素原子）、O（酸素原子）は最外殻のL殻に8個（K殻とあわせ10個）、電子が配置されると安定する性質がある。

酸素原子の場合、最外殻電子はL殻の6個である。2個の酸素原子が接近したとき、1個の電子だけを共有してもL殻が7個で満たされることにならない。そこでそれぞれの原子が電子2個ずつを出し合い計4個、つまり2対の共有電子対により共有結合をする。するとそれぞれの原子の最外殻であるL殻が8個で満たされる。こうしてできているのが酸素分子である。

窒素原子の場合、最外殻電子はL殻の5個である。今度は3個の電子を出し合い、6個、つまり3対の共有電子対により共有結合をする。するとそれぞれの原子の最外殻であるL殻が8個で満たされる。こうしてできているのが窒素分子である。

共有結合は異なる原子の間でも行われる。炭素原子の場合、最外殻電子はL殻の4個であり、その電子1個ずつを4方向で別々の水素原子の最外殻電子1個と共有しあうと、それぞれの水素原子の最外殻であるK殻が2個の電子、中央の炭素原子の最外殻であるL殻が8個の電子で満たされることになる。このようにして炭素原子のまわりに4個の水素原子が共有結合をする。こうしてできた分子をメタンといい、天然ガスなどの主成分である。

水分子の場合、酸素原子の最外殻のL殻にある電子のうち1個が左側の水素原子の電子、もう1個が右側の水素原子の電子と共有電子対を形成する。これにより、酸素原子の最外殻のL殻は8個、水素原子の最外殻のK殻は2個の電子で満たされることになる。

アンモニア分子の場合、窒素原子の最外殻のL殻にある電子5個のうち、1個が上側の水素原子の電子、1個が右側の水素原子の電子、1個が下側の水素原子の電子と共有電子対を形成する。これにより、窒素原子の最外殻のL殻は8個、水素原子の最外殻のK殻は2個の電子で満たされることになる。

このように、原子同士が結合するとき、それぞれが1個の電子を出し合って共有電子対1対を作る場合、2個の電子を出し合って共有電子対2対を作る場合、3個の電子を出し合って共有電子対3対を作る場合がある。それぞれの結合を、単結合、二重結合、三重結合といい、元素記号の間を「─」「＝」「≡」のような棒でつないだ式で示す。この式を構造式（structural formula）といい、例えば図3で各分子の右側に書いたものである。また、

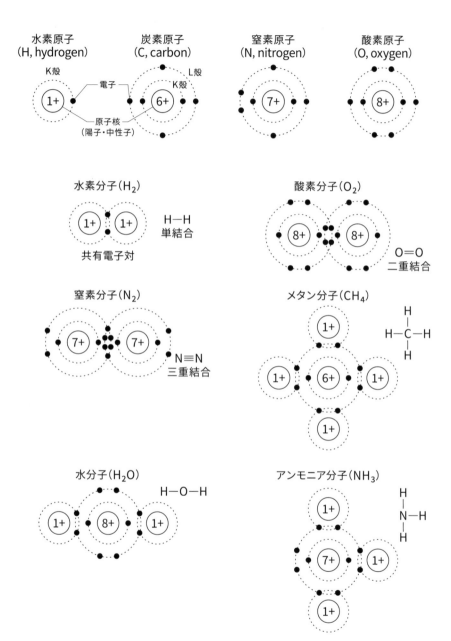

図3　原子（原子核、電子殻）と共有結合

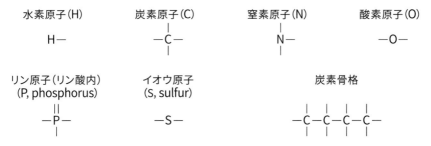

図 4　生体構成物質を構成する 6 原子の価標（結合手）

　分子を構成する原子の数を元素記号の右下に表記した式を、分子式（molecular formula）
という。構造式や分子式などのように、元素記号を使って物質の組成や構造を表した式を
総称して化学式（chemical formula）という。水素分子は H_2、酸素分子は O_2、窒素分子
は N_2、メタン分子は CH_4、水分子は H_2O、アンモニア分子は NH_3 となる。なお、実際
の各分子の中の原子同士の結合方向は空間的、立体的である。たとえばメタン分子 CH_4
では、C を中心として H が正四面体の頂点に位置する形になっている。ただ、平面に図
示する構造式では、ある原子を中心とした四つまでの結合は、上下左右方向に描くことが
多い。
　次にイオウ原子（S）とリン原子（P）と、それが含まれる分子における結合を見てみよ
う。説明の前にもう一度、電子殻と軌道の電子数の表（表 3 ☞ p. 6）、並びに下の電子殻
の電子数の表（表 4 ☞ p. 6）をよく見てほしい。S と P は K 殻と L 殻は最初から満たさ
れ、M 殻が最外殻となり、S は 6 個、P は 5 個の最外殻電子を持つ。M 殻には 18 個の電
子が配置されうるが、まずは内側の s 軌道、p 軌道の計 8 個に電子が配置される。M 殻
に 6 個の電子を持つ S は、あと 2 対の共有電子対を他の原子と共有し、M 殻の電子が計
8 個となると安定化する性質がある。したがって、S は 2 対の共有電子対を共有し共有結
合をする性質がある。P は、生体構成物質であるリン酸においては、M 殻のうち s 軌道、
p 軌道の計 8 個に更に d 軌道のうち 2 個を加え、M 殻に 10 個の電子が満たされると安定
する性質がある。P は M 殻に 5 個の電子を持つので、他の原子と 5 対の共有電子対を共
有し共有結合する性質がある[4]。

【4】　6 原子の価標（結合手）

　構造式の中で共有電子対一つを「ー」のように示したものは、他の原子と結合できる価
標（bond）という。原子と原子がつなぎあう手にも見えるので「結合手」ということもあ
る。化学を初めて学ぶ人にとっては原子が擬人化された「結合手」のほうがイメージしや
すいかもしれないので、以下「価標」のところを「結合手」と読み替えていただいてもよ
い。それでは 6 種類の原子の価標（結合手）を確認し、生体構成物質の成り立ちに迫って
いきたい。図 4 に各原子の価標（結合手）と、生体構成物質の分子の骨格となる炭素骨格

---

[4] 生体構成物質以外では S は 2 対ではない共有電子対、P は 5 対ではない共有電子対も持つこ
　　ともある。また、電子殻の厳密な理解のためには、軌道や電子のスピンなどの理解も必要であ
　　るが、本書では省略する。

を示している。

- ▷ H（水素原子）は価標を一つ持つ。
- ▷ C（炭素原子）は価標を四つ持つ。価標を単結合四つとし 4 個の他の原子と結合することができる。また、二重結合二つ、二重結合一つと単結合二つのように配分することも可能である。
- ▷ N（窒素原子）は価標を三つ持つ。単結合三つ、二重結合一つと単結合一つ、三重結合一つでの結合が可能である。
- ▷ O（酸素原子）は価標を二つ持つ。単結合二つ、二重結合一つでの結合が可能である。
- ▷ S（イオウ原子）は価標を二つ持つ。単結合二つ、二重結合一つでの結合が可能である。
- ▷ P（リン原子）はリン酸においては五つの価標を持つ。単結合三つ、二重結合一つで結合を行う。

　このように価標（結合手）は H が 1、C が 4、N が 3、O が 2、P が 5、S が 2 であり、これが「レゴのブロック」のように組みあわさって糖質、タンパク質、脂質、核酸を構成する。今後、本書で出てくる生体構成物質の構造式において各原子の価標を確認すると、この原則に基づいて 6 原子の結合ができていることが理解いただけるはずである。とりわけ C（炭素原子）は 4 個の結合手を持つので、左右で他の炭素原子と結合し、鎖状の長い分子を作りながら残り二つの結合手で様々な反応性のある原子や分子と結合できる。炭素分子の鎖を炭素骨格といい、生体構成物質の多くの骨格となる。

【5】　分子の中の極性と水分子

　原子同士が共有結合してできる分子は、同じ分子同士や異なる分子と共有結合をし、さらに大きな分子となることがある。また共有結合をしなくても電気的に引きつけあうことがある。

　一般に、生体を構成する原子の中で、窒素原子（N）、酸素原子（O）は、それぞれ、原子核の中に正電荷をもった陽子が 7 個、8 個あり、他の原子の負電荷を持った最外殻電子（負電荷）を引きよせやすい。一方、水素原子（N）は、原子核の中に＋電荷を持った陽子が 1 個のみなので、その最外殻電子を他の原子に引きよせられてしまう傾向がある。したがって（分子全体の形や分子の中での位置にもよるが）同じ分子の中でも N や O は若干 −の電荷、H は若干＋の電荷を帯びやすい[*5]。このように同じ分子の中での電荷のかたよりがある場合、その分子は極性（polarity）を持つといい、その原子の位置に $\delta-$、$\delta+$（δ はデルタと読む）を付記して書くことがある。極性がある分子同士は、お互いの $\delta-$、$\delta+$ によって引きつけあうことがある。

　水分子は典型的な極性分子である。生物の種類によって若干差があるが、生物の体の 60% は水が占める。例えば、60 kg の体重の人では体重のうち約 36 kg 分は水である。生物の細胞自身も、ほぼ同じ割合で水が占める。細胞と細胞の間にも水を主成分とする体液がある場合がある。このため、細胞の中の様々な分子は水分子に取り囲まれるように存在していることが多く、水分子との間でどのような相互作用をするのかが、分子の機能を決

[*5] これは、正確には共有結合を形成している原子間で共有電子対をどちらの原子がひきつけやすいかという、電気陰性度の差で説明できる。ただ、本書では上記のように N や O や H だけで説明するので電気陰性度の説明は省略する。

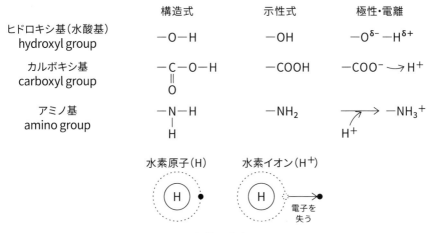

図 5　官能基、水素イオン

める重要なポイントとなる。水分子は、単純な構造式表記では H−O−H と H が O の両方向に直線状に並ぶため、H−O−H の角度が 180° のように見えるかもしれないが、実際の水分子では H−O−H の角度は 104.5° である。水分子を熊の人形にたとえると O が顔、二つの H が両耳の位置になり、顔の O 側が $\delta-$、両耳の H が $\delta+$ になりやすい。したがって、水は極性を持った分子と引きつけあい、その分子は水に溶けやすいことになる。水に溶けやすい性質を親水性（hydrophilicity）という。逆に極性が少ない分子は水に溶けにくい性質、疎水性（hydrophobicity）を持つ。

【6】　水素イオン、官能基

　水素原子（H）は電子が他の原子に引きよせられてしまうだけでなく、電子を完全に失ってしまう性質もある。水素原子（H）が電子（−電荷を持つ）のみが残るので＋電荷を帯びていて、H^+ と表記する[*6]。電子を失ったり得たりして、＋電荷や−電荷を帯びた原子や分子を、イオン（ion）と呼び、様々なイオンの理解が化学反応を理解する上で重要である。ここでは本書の分野に欠かせない水素イオン（H^+）の働きを中心に説明する。

　分子の中で他の分子との反応性が高い部分を官能基という。特に図 5 に示した三つの官能基が重要である。

1. ヒドロキシ基（水酸基）−OH は、O が $\delta-$、H が $\delta+$ となり、これを多く持つ分子は親水性となりやすく、また、この部分で他の分子と結合しやすい。
2. カルボキシ基 −COOH は H^+ を放出し、電子を −COO 側に残すので、−電荷を帯び、$−COO^-$ と表記する。
3. アミノ基 $−NH_2$ は、逆に、H^+ を受け取りやすく＋電荷を帯びた $−NH_3^+$ となりや

[*6] 水溶液中では陽子 1 個となった H^+ がそのまま存在しているのではなく、水分子（H_2O）と結合して、オキソニウムイオン H_3O^+ として存在しているが、簡略のため、H^+ のまま表記することが多い。

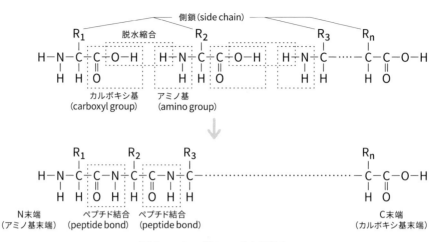

図6 アミノ酸とペプチド結合

すい[*7]。

　H[+]を放出する分子を「酸」、その性質を「酸性」といい、H[+]を受け取る分子を「塩基」、その性質を「塩基性」（アルカリ性）という。酸性の物質、塩基性の物質ともに電荷を持つので親水性となる。官能基は片側が「 ー 」になるように描くが、これはその根元に何かの原子がある（とくにこれは炭素骨格の炭素であることが多い）ことを示す。たとえば、エタノールは分子式（分子を構成する原子の合計数を元素記号の右下に表記する方式）では C_2H_6O となるが、エタノール分子は $-OH$（ヒドロキシ基）を持っていることが分子の性質として重要である。したがって、C_2H_5OH と表記したほうが分子の性質がわかる。このように、官能基を分けて表記した化学式を示性式（expressive formula）という。

【7】 タンパク質の構造

　タンパク質は、基本的にアミノ酸が数珠状につながった構造をしている。アミノ酸は中心の炭素のまわりに $-NH_2$（アミノ基）、$-COOH$（カルボキシ基）、$-H$（水素）と $-R$（側鎖）が結合した分子である。生体では R の部分が異なる 20 種類のアミノ酸が使われている。

　図6に示したように、あるアミノ酸のカルボキシ基（$-COOH$）は、隣り合うアミノ酸分子のアミノ基（$-NH_2$）と連結部で水分子（H_2O）が外れることで結合する。この結合をペプチド結合という。ペプチド結合によりアミノ酸の鎖が長くできた構造を一次構造という[*8]。図7のように、一次構造は、さらに、少し離れたアミノ酸同士の $\delta+$ の H と $\delta-$

[*7] この場合 $-NH_2$ の中の N 原子はすでに三つの共有電子対を形成している。そして最外殻の L 殻に残された二つの電子のところに、電子を持たない H[+]が結合することになる。これはお互いの原子が電子を一つずつ出し合って共有する共有結合とは異なり、配位結合（coordinate bond）という。ただ配位結合は一旦形成されると共有結合と区別はつかなくなり、$-NH_3^+$ という塊として官能基となる。

[*8] この時のアミノ酸は元のアミノ酸と比較すると水分子を失っているので、正確にはアミノ酸残基（aminoacid residue）と呼ぶ。

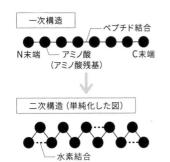

図 7　タンパク質の一次、二次、三次構造

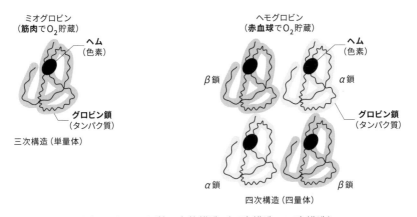

図 8　タンパク質の立体構造（三次構造、四次構造）

の N や O の間で引きつけあいが起きる。特に水素原子 H の極性が関わった引きつけあい
による結合は水素結合（hydrogen bond）という。水素結合により作られたらせん構造
（α-helix）やジグザグ構造（β-sheet）を二次構造という。さらに二次構造が折りたたまれ
ると、立体構造（三次構造）となる。これには、水素結合のほか、イオン結合、疎水結合、
SS 結合（【8】☞ p. 13）が関与する。この三次構造の折りたたまれた構造、例えば分子表
面にできる穴のような構造（分子ポケット）がタンパク質の機能などに関わる。
　三次構造がいくつか集合したものを四次構造という。たとえば「ミオグロビン」は筋肉
に酸素を貯蔵し酸素不足のときのみに放出する分子であり、酸素を結合する色素ヘムを中
央に結合した三次構造である。「ヘモグロビン」は、赤血球中で酸素と結合し全身に酸素
を運搬する分子で、ミオグロビンに類似した三次構造が四つ集まった構造をしている。す
なわち四次構造である。ミオグロビンとヘモグロビンの分子の姿は図 8 に示した。

【8】　20 種類のアミノ酸

　タンパク質は、アミノ酸がペプチド結合で数珠状につながった分子である。鎖の中心部
分はペプチド結合と炭素原子が交互につながった構造になっており、これを主鎖（main
chain）という。主鎖から側面に突き出る部分にそれぞれのアミノ酸の側鎖（side chain）

が位置し、この側鎖の性質がタンパク質の性質に影響を与える。生物は、側鎖の違う 20 種類のアミノ酸を、タンパク質の原料として使う。20 種類のアミノ酸は側鎖の性質の違いから、極性アミノ酸（親水性アミノ酸）と非極性アミノ酸（疎水性アミノ酸）に大別される。その一覧を図 9 に示した。

① 極性アミノ酸（親水性アミノ酸）

グルタミン酸、アスパラギン酸は、側鎖の中に —COOH（カルボキシ基）を持つアミノ酸である。—COOH が電離し、H^+ を放出し、—COO⁻ となり－電荷を帯びる。H^+ を放出するので、酸性アミノ酸と呼ばれ、「〇〇酸」という名称となる。

リシン、アルギニン、ヒスチジンは、側鎖の中に —NH₂、＝NH、＝N— を持つ。そこに H^+ が結合し、＋電荷を帯びる。

酸性アミノ酸側鎖の中にある —COO⁻ と塩基性アミノ酸側鎖の —NH₃⁺ などが電気的にひきあう結合を「イオン結合」といい、タンパク質の三次構造の形成に関与する。

グルタミン、アスパラギンはグルタミン酸、アスパラギン酸の側鎖の中にある —COOH から —OH が外れ、—NH₂ が結合した構造となっている。「塩基」の結合によって「酸」としての性質が相殺されるので名称にも「酸」はつかない。しかし、この部分には電荷の偏りがあり、すなわち極性がある。

トレオニン、セリン、チロシンは側鎖の中にヒドロキシ基 —OH を持ち、極性がある。極性（親水性）アミノ酸であるチロシンと非極性（疎水性）アミノ酸であるフェニルアラニンの分岐点となる。このようにわずかな分子構造、とくに官能基の違いが分子の性質の違いを生み出す[*9]。

② 非極性アミノ酸（疎水性アミノ酸）

アラニン、バリン、ロイシン、イソロイシンの側鎖は、炭素骨格の周囲に水素のみが結合した「炭化水素鎖」からなる。炭化水素鎖は原子のかたよりがなく極性を持たない。側鎖が H のみのグリシンも同様に極性を持たない。側鎖の中に六角形や五角形の構造を持つアミノ酸（プロリン、フェニルアラニン、トリプトファン）も一部に N がある部分もあるが、六角形や五角形の頂点部分は炭素原子を示し、基本的に炭化水素鎖なので極性を持たない。図 2（☞ p. 5）で脂質の構造を説明したが、脂質も炭化水素鎖が中心の分子であり、極性を持たない非極性分子である。非極性分子である脂質は極性分子である水分子となじまない。脂質の中には「油」と呼ばれるものがある。「水と油」という諺があるが、「水と油は交わらない」という、性質が違う物質同士が混ざりにくいことを人間関係にたとえたものである。逆に油と油同士は混ざりやすい。疎水性分子同士は融合しやすいので、疎水性アミノ酸側鎖は脂質に混合しやすい。また疎水性アミノ酸側鎖は周りの水分子から逃れ、疎水性アミノ酸側鎖同士で集まろうとする。こうやって疎水性アミノ酸側鎖同士が集まることを「疎水結合」といい、タンパク質の三次構造の中心部の形成に関与することがある。システイン、メチオニンは S（イオウ、硫黄）を含むアミノ酸であり、含硫アミノ酸ともいう。S は C と

[*9] 本書では省略するが、細胞の情報伝達過程でタンパク質にリン酸を結合するタンパク質リン酸化が重要なポイントとなっている。その際リン酸はこの三つのアミノ酸側鎖のヒドロキシ基 —OH の部分に結合する。

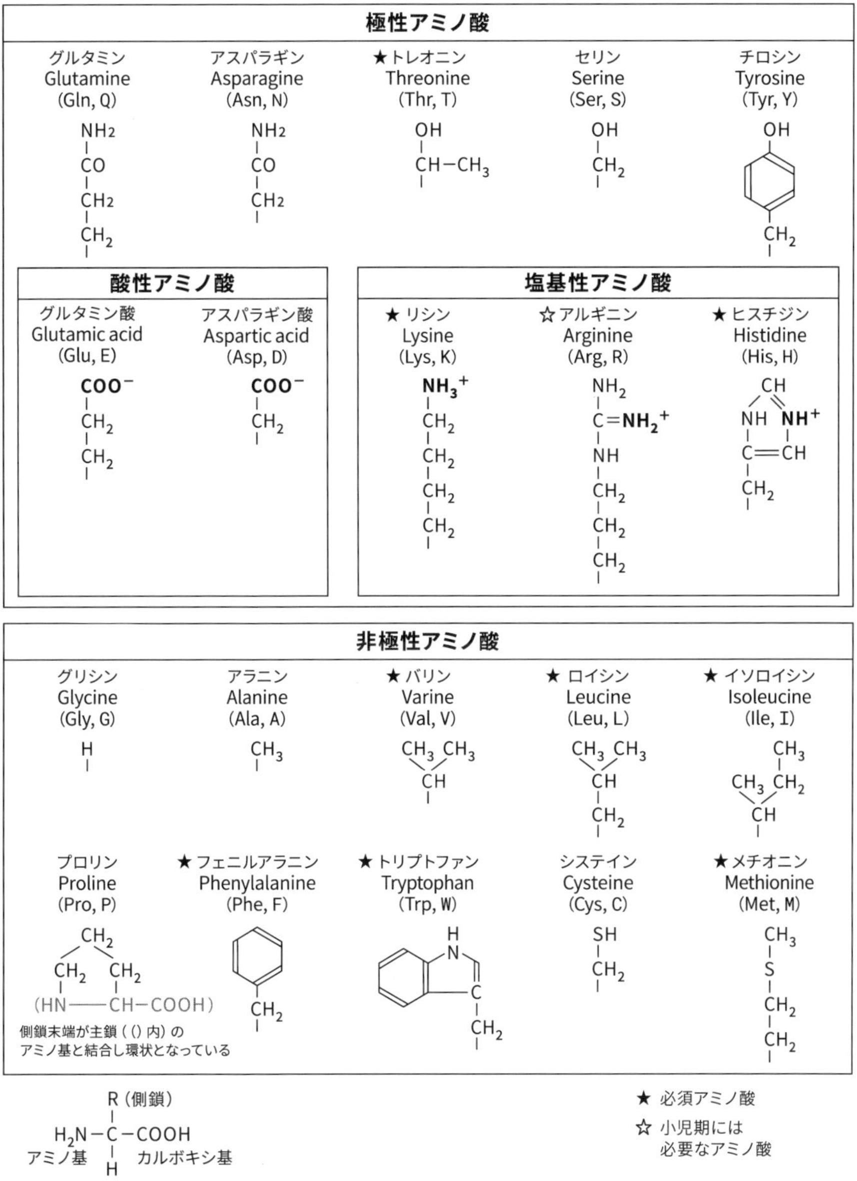

極性アミノ酸

グルタミン Glutamine (Gln, Q)	アスパラギン Asparagine (Asn, N)	★トレオニン Threonine (Thr, T)	セリン Serine (Ser, S)	チロシン Tyrosine (Tyr, Y)
NH₂ | CO | CH₂ | CH₂ |	NH₂ | CO | CH₂ |	OH | CH−CH₃ |	OH | CH₂ |	OH (ベンゼン環) CH₂ |

酸性アミノ酸

グルタミン酸 Glutamic acid (Glu, E)	アスパラギン酸 Aspartic acid (Asp, D)
COO⁻ | CH₂ | CH₂ |	**COO⁻** | CH₂ |

塩基性アミノ酸

★ リシン Lysine (Lys, K)	☆アルギニン Arginine (Arg, R)	★ヒスチジン Histidine (His, H)
NH₃⁺ | CH₂ | CH₂ | CH₂ | CH₂ |	NH₂ | C=**NH₂⁺** | NH | CH₂ | CH₂ | CH₂ |	CH NH **NH⁺** C=CH | CH₂ |

非極性アミノ酸

グリシン Glycine (Gly, G)	アラニン Alanine (Ala, A)	★ バリン Varine (Val, V)	★ ロイシン Leucine (Leu, L)	★ イソロイシン Isoleucine (Ile, I)
H	CH₃ |	CH₃ CH₃ \ / CH |	CH₃ CH₃ \ / CH | CH₂ |	CH₃ | CH₃ CH₂ \ / CH |

プロリン Proline (Pro, P)	★ フェニルアラニン Phenylalanine (Phe, F)	★ トリプトファン Tryptophan (Trp, W)	システイン Cysteine (Cys, C)	★ メチオニン Methionine (Met, M)
CH₂ CH₂　CH₂ (HN——CH−COOH) 側鎖末端が主鎖 (( )内) の アミノ基と結合し環状となっている	(ベンゼン環) | CH₂ |	H N C | CH₂ |	SH | CH₂ |	CH₃ | S | CH₂ | CH₂ |

R（側鎖）
H₂N−C−COOH
アミノ基　\|　カルボキシ基
　　　　　H

★ 必須アミノ酸
☆ 小児期には
　必要なアミノ酸

図 9　アミノ酸 20 種類と側鎖

同様、直線状に並び極性を持たない。システイン側鎖の先端の —SH と、少し離れた場所のシステイン側鎖の先端の —SH から「2H」が離れ、—S—S— と結合することがある。これを SS 結合（ジスルフィド結合）という。アミノ酸の二次構造形成に関与する水素結合、三次構造形成に関与する水素結合、イオン結合は電気的引き合いによる結合、疎水結合は分子の性質の類似性による接着であるので高温などで分離しやすい。それに対して SS 結合（ジスルフィド結合）は共有結合なので高温などでも分離しにくい。

ヒトにとって図9で★印をつけた 9 種のアミノ酸は、体内で合成できない。そのため栄養学的には食物として取り入れる必要があり「必須アミノ酸」という。その他のアミノ酸は体内で必須アミノ酸から変化、合成ができる。なお小児期には 9 種に加えてアルギニンも必要である[*10]。

【9】 酵素

化学反応の前後で、それ自身は変化することなく、化学反応を促進するだけの物質を触媒という。生体内で触媒の働きをするタンパク質は、特に、酵素（enzyme）という。酵素は、その立体構造の中に活性部位（active site）と言われる部分を持っており、基質（substrate）と呼ばれる特定の分子と結合する。こうして一時的に酵素‐基質複合体をつくる。そして、すみやかにその基質を分解したり、二つの基質を結合したりして化学反応を促進する。活性部位は少し全体から凹んだ部分であることが多く、その場合は分子ポケットとも言われる。基質が変化した分子を反応生成物（product）という。活性部位にぴたりと結合する基質のみの反応を促進し、形が違う分子の反応は促進しない性質は、鍵穴に特定の鍵しか入らない性質に類似しており、基質特異性（subatrate specificity）という。

酵素がどのように働くのか、そのしくみを図 10 に示した。基質が反応生成物になるためには、一旦活性化させるための活性化エネルギー（activation energy）が必要である。一般に化学反応は系全体のエネルギー状態が高いところから低いところに移動するように起きるが、最初にだけ山（活性化エネルギー）を乗り越えなければならない。基質だけが存在する場合、活性化エネルギーが大きいので反応は進まないか、あるいは非常に進みにくい。酵素の働きは、その山を低くすることである。酵素は活性化エネルギーを下げることで、この反応をすみやかに進行させる[*11]。

[*10] 9 種の必須アミノ酸は以下のように覚えるとよい。「必須（ヒスチジン）、フェリー通れば急いで鳥止めろ」「必須（ヒスチジン）！ フェ（フェニルアラニン）リー（リシン）通れ（トレオニン）ば（バリン）急いで（イソロイシン）鳥止（トリプトファン）め（メチオニン）ろ（ロイシン）」

[*11] 酵素には、働く基質の英語に -ase の接尾辞を付したものが多い。日本が生物学用語を輸入した当初はドイツ語読みで「……アーゼ」と表現したので、その言葉が定着していることが多いが、最近は英語読みで「……エース」と呼ぶことも多い。例えば、アミロース（直鎖型デンプン、amylose）を分解する唾液内の酵素 amylase は「アミラーゼ」と読まれてきた。一方、DNA の二重らせん（double helix）をほどく酵素 helicase は、発見が比較的新しくヘリカーゼとも、ヘリケースとも読む。

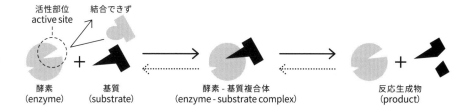

活性部位
active site

結合できず

酵素
(enzyme)

基質
(substrate)

酵素 - 基質複合体
(enzyme - substrate complex)

反応生成物
(product)

化学反応は、反応前の物質から一時的にエネルギーの高い中間段階を経て初めて反応が進む。
酵素はその活性化エネルギーを下げることで反応を促進する。
（酵素は ◄‥‥ 点線のように逆反応を促進することもある。）

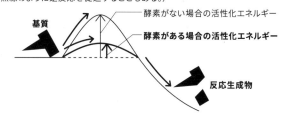

基質

酵素がない場合の活性化エネルギー

酵素がある場合の活性化エネルギー

反応生成物

図 10　酵素の働き

【10】　核酸

　「核酸」は遺伝子としての役割を担う。細胞の核にある酸性の物質なので「核酸」と命名されたが、核以外の部分（細胞質）にも存在する。DNA（deoxyribonucleic acid）とRNA（ribonucleic acid）の 2 種類があり、非常に類似した物質である。DNA、RNA とも糖（五角形の形）にリン酸と塩基が結合したヌクレオチド（nucleotide）を基礎単位とし、それが数珠状に繰り返しつながった構造をしている。

　DNA と RNA の違いは大きく分けて三つある。

　第一に、糖が異なる。DNA は糖が deoxyribose（デオキシリボース）なので、デオキシリボ核酸（deoxyribonucleic acid、DNA）と呼ばれる。RNA は糖が ribose（リボース）なので、リボ核酸（ribonucleic acid、RNA）と呼ばれる。分子式を比べると、RNA の糖 ribose（リボース）$C_5H_{10}O_5$ と比べ、DNA の糖は O（oxygen）が一つ少なく $C_5H_{10}O_4$ となっているので deoxyribose（デオキシリボース）と呼ばれる（"de" は脱、"oxy" は酸素を示す）[12]。リボースやデオキシリボースのように炭素原子を 5 個持つ糖を「五炭糖」という。

　第二に、鎖の本数が異なる。DNA は二重らせん（二本鎖）となっているのに対し、RNA は一本鎖となっている（後述するように（【36】☞ p. 55）一部のウイルスの場合には、二本鎖 RNA や一本鎖 DNA を持つものもある）。

　第三に、塩基の種類が異なる。DNA では、A（アデニン）、T（チミン）、G（グアニン）、

---

[12] 糖は C に ─H と ─OH が結合した形が基本、つまり、CH_2O が分子の基本になっている。C（炭素）に H_2O（水）が結合しているような比率、C : H : O ＝ 1 : 2 : 1 となっていることが多く、炭水化物（carbohydrate）と呼ばれる。

	正式名称	働き	鎖 （主な本数）	ヌクレオチド			分子量	寿命
				糖（五炭糖）	塩基	リン酸		
DNA	デオキシリボ核酸 **deoxyribonucleic acid**	遺伝子本体 含む	二本鎖 （二重らせん）	deoxyribose $(C_5H_{10}O_4)$	ATGC	共通	大	長
RNA	リボ核酸 **ribonucleic acid**	m（伝令） t（運搬・転移） r（リボソーム） など	一本鎖	ribose $(C_5H_{10}O_5)$	AUGC		小	短

表5　核酸（DNA と RNA の比較）

C（シトシン）、RNA では A、U（ウラシル）、G、C である。DNA の T の代わりに RNA では U がある点が異なる。

　これら三つの違いを表5にまとめた。リン酸と糖は DNA と RNA の分子において背骨に相当するが、そこに生物種による差はない。利用される塩基の種類にも差はないが、その塩基の並び方（塩基配列）（【13】☞ p.20）が生物種によって異なる。これが遺伝子の情報を記述している。

【11】 DNA と RNA の鎖の向きと逆平行

　図11は DNA と RNA の違いを図に示したものである。DNA、RNA ともに、点線で示されるヌクレオチド（nucleotide）という基本単位がつながった鎖状構造をしている。それぞれのヌクレオチドはリン酸（Ⓟ）、五角形で示された糖（デオキシリボースかリボース）、A、T（U）、G、C で示された塩基が1個ずつ結合してできている。

　図11の下が糖の構造式である。構造式の中で、糖など炭素骨格を描くときは、炭素原子の位置を頂点にしたような多角形で表現することがある。そして頂点が炭素原子でない部分のみに炭素原子以外の原子を書く。O の部分を除く各頂点は炭素原子である。そして、炭素原子には O を基準として時計回りに $1'$（日本語ではダッシュ、英語では prime と読む）、$2'$、$3'$、$4'$ の番号がついており、$4'$ 炭素にはもう一つの炭素原子（$5'$）が結合している。また、五角形の各頂点には、それぞれの炭素原子に −OH（ヒドロキシ基）と −H（水素）が結合した構造をしている。デオキシリボース（DNA）とリボース（RNA）の違いは、○で囲んだように、$2'$ 炭素に −H（水素）が結合しているか、−OH（ヒドロキシ基）が結合しているかの違いである。ヌクレオチドの鎖（ヌクレオチド鎖）には向きがある。鎖の向きは糖にある炭素原子の位置によって示す。図11の上図で、DNA では、左の鎖では $5'$ 側が図の上側で $3'$ 側が図の下側である。これに対し、右の鎖は逆向きで、$5'$ 側が図の下側で $3'$ 側が図の上側になっている。RNA では、$5'$ 側が図の上側で $3'$ 側が図の下側になっている。DNA や RNA において、新しい鎖が合成（伸長）される方向は、必ず $5'$ 炭素→$3'$ 炭素方向である。そこで分子生物学では、$5' → 3'$ 方向を正式な DNA、RNA の向きとみなす。本書では、$5' → 3'$ のように→の向きでその向きを示す。再び、DNA において対面する鎖に注目すると、鎖の $5' → 3'$ 方向が逆になって対面している。このことは糖の五角形が左右の鎖で逆向きになっており、O 原子の位置も上下逆転

18

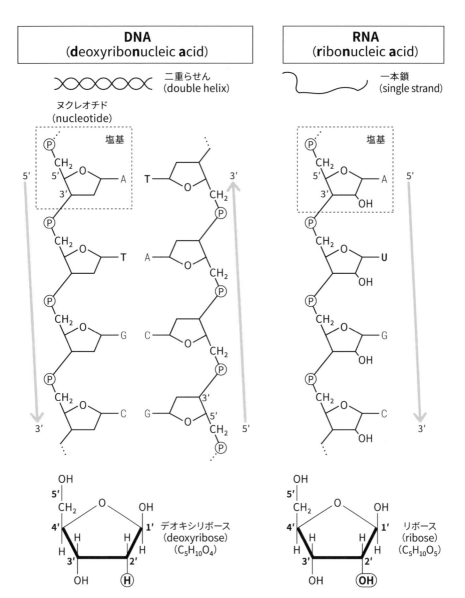

図 11　DNA、RNA の 5′ → 3′ 方向

していることでも確認できる。これを逆平行（antiparallel）と呼ぶ。後述するが（【17】☞ p. 27）、DNA 同士の対面のときのみならず、DNA と RNA、RNA 同士の対面のときにも、逆平行の原理は守られる。

【12】 塩基の相補性 —A と T (U)、G と C—

DNA の二本鎖で、中央で対面している塩基の構造を見てみよう。図 11 に構造式を書いた通り、A（アデニン）と G（グアニン）は炭素原子と窒素原子を骨格とした五角形（五員環）と六角形（六員環）が一辺を共有している類似の分子骨格を持ち、プリン塩基と呼ばれる[*13]。

一方、T（チミン）と C（シトシン）は六員環のみの分子骨格を持ち、ピリミジン塩基と呼ばれる。分子の中で糖と結合している場所と反対側は、お互いの塩基が接近し対面する部位となる。分子の極性の項目（☞ p. 10）で説明したように、N 原子や O 原子は若干−電荷が強く δ−、H 原子は若干＋電荷が強く δ+ となる。そこで、異なる分子の δ− と δ+ をひきつけあう水素結合が起きる。

塩基同士の中で、水素結合が位置的にピタリとくる相手は、図 12 のように A と T、G と C と決まっており、これを塩基の相補性（complementarity）という。RNA の場合、T がなく U があるが、T と U の違いは —CH₃ か —H かの差であり、これは水素結合の位置に関係ない部分である。そこで RNA における塩基の相補性は A と U、G と C となる。A と T (U) との間の水素結合は 2 か所、G と C との間の水素結合は 3 か所で、G と C の間の結合力のほうが若干強い。DNA 同士、DNA と RNA、RNA 同士の鎖が対面するとき、あるいは一方の鎖を鋳型に他方が合成されるときは、その塩基の相補性が守られる。二重らせん構造をした（二本鎖の）DNA が複製されるときは、二本鎖がほどかれ、それぞれの一本鎖を鋳型にして、DNA ポリメラーゼという酵素がこの相補性に基づいて、反対側の鎖を合成し、同じ二本鎖が二組できる。新しい二本鎖のうち半分はもとの DNA の鎖がそのまま使われているので、このような DNA の複製方式を半保存的複製という。これが遺伝暗号の基礎原理となる[*14]。

3 DNA、RNA の複製や合成の方法

【13】 DNA、RNA の三つの驚くべき性質

DNA の塩基 A、T、G、C の並び、RNA の塩基 A、U、G、C の並びを塩基配列（base sequence）という。詳しくは後述するが（【18】☞ p. 27）、この塩基配列には遺伝情報が刻まれている部分がある。たとえば、英文では 26 文字のアルファベットの並びに、その意味が刻まれ、アルファベットの異なる配列「iloveyou」（I love you.）と「goodmorning」

[*13] このプリン塩基を過剰に摂取すると、体内で尿酸となり痛風の原因となりやすい。「公益財団法人 痛風・尿酸財団」は HP（https://www.tufu.or.jp/gout/gout4/447）に食品、飲料中のプリン体（プリン塩基）を公表し、過剰に摂取しないように呼びかけている。

[*14] なお、筆者は受験生に「at GC (green campus)」と教えてきた。「大学合格して来年の今頃は大学の緑のキャンパス（GC）にて（at）集えるように受験勉強がんばりましょう」という意味だが、2020 年合格の大学生たちはコロナ休校（オンライン）でキャンパスに集うことが簡単でない。複雑な思いをされていると思うが、やがて集える日が来ることを願う。

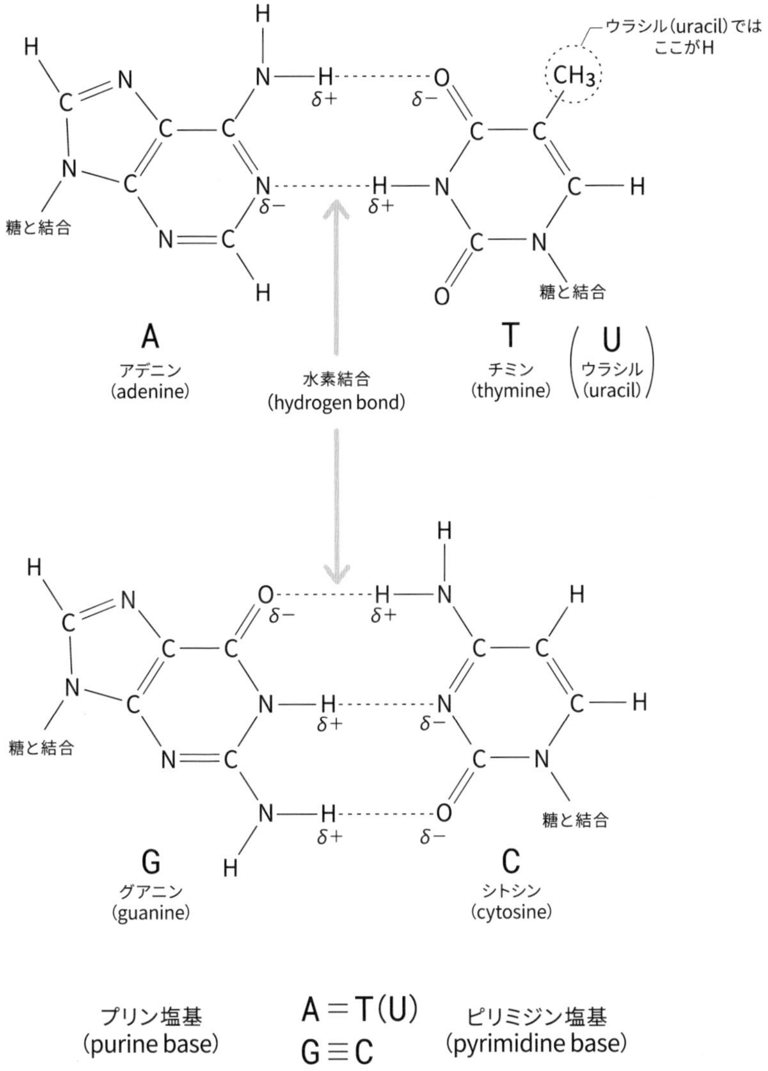

ウラシル (uracil) では
ここがH

糖と結合

A
アデニン
(adenine)

水素結合
(hydrogen bond)

T
チミン
(thymine)

U
ウラシル
(uracil)

糖と結合

糖と結合

G
グアニン
(guanine)

C
シトシン
(cytosine)

糖と結合

プリン塩基
(purine base)

$A = T(U)$
$G \equiv C$

ピリミジン塩基
(pyrimidine base)

図 12　塩基の相補性、A = T (U)、G ≡ C

(Good morning.) では異なる意味を示す。同様に、生物においては塩基配列 TGGGCTTCA と CTAGCGAAT とでは異なる遺伝情報となる。DNA や RNA などの核酸が遺伝子として機能するために、以下の三つの性質が重要である。第一に自らの塩基配列を複製し、子孫に引き継ぐ性質である。生物全体でみれば 40 億年脈々と複製が続けられ、引き継がれてきた。同じ生物種に限ってみても何世代も引き継がれ、同じ種の形態や性質を保ち続けてきた。その正確さは A と T（A と U）、G と C の相補性によるものである。第二に、細胞の中で（DNA の場合は RNA に転写、－鎖RNA の場合は＋鎖RNA に複製させた上で）その遺伝暗号をリボソームに読み取らせ、特定のタンパク質を作らせ、個体の生命活動を一生支え続けていることである。真核生物、原核生物、そしてそのリボソームを乗っ取るウイルスでも共通に用いられる「RNA の 3 塩基配列と特定アミノ酸を対応させる遺伝暗号表」がある。第三に、少しずつ塩基配列が変化するために、種の変化や進化を引き起こすことである。

　生物学者ルイス・トーマス [12] は以下のように述べている。

> The capacity to blunder slightly is the real marvel of DNA. Without this special attribute, we would still be anaerobic bacteria and there would be no music.
> （筆者訳：わずかに失敗する能力は DNA の本当に驚くべき性質である。この特別な性質がなかったら、私たちは今でも嫌気性細菌のままであっただろうし、この世に音楽もないだろう。）
> — Lewis Thomas, *The Lives of a Cell*, 1974

　時々変異を引き起こすという DNA 転写の（驚くべき）性質によって、私たちヒトは単細胞の最終共通祖先（LUCA: Last Universal Common Ancestor）から分岐し進化してきた。そして、【56】（☞ p. 83）で述べるように、ウイルスの共生によって胎盤を持った哺乳類となることができた。脳を発達させ、文化を生み出してきた。もしこの驚くべき変異の性質がなかったら、いまだに私たちは細菌の一種のままであり、文化も何もなかっただろう。塩基配列の変異は、正常遺伝子のがん遺伝子への変化や、変異による新型ウイルスの出現など、私たちの健康や社会を脅かす側面を持つ一方、私たちそのものの進化を促してきた「諸刃の剣」である。私たちはそれを十分に理解しながら変異と付き合い続ける必要があるだろう。

【14】 DNA 鎖、RNA 鎖伸長反応におけるプライマーと鎖の向き

　図 11 で示したように、DNA と RNA の違いは、糖で酸素原子一つの違い、塩基 4 種類の中では 1 種類の違いのみなので、一本鎖部分の構造（形）はほぼ同じである。そして、一本鎖を鋳型鎖にして、対面する側に鎖（新生鎖）を合成することができる。図 13 に示すように、DNA 合成でも RNA 合成でも新生鎖は鋳型鎖の塩基に相補的な塩基を持つヌクレオチドを並べて連結し鎖を伸長していく反応となる。新生鎖が DNA の場合「DNA 鎖伸長反応」、RNA の場合「RNA 鎖伸長反応」という。この伸長反応には次のような三つの原則がある。

1. 鋳型となる一本鎖の DNA、RNA のみからは合成は起こらず、合成される側の鎖に短い鎖（プライマー、primer）が連結されている箇所から合成がスタートする。
2. 次のヌクレオチドは、新生鎖末端にある糖の 5′ 炭素についた －OH（ヒドロキシ基）に結合する。こうして新生鎖の伸長が起きる。伸長方向は必ず 5′ → 3′ となる（対面

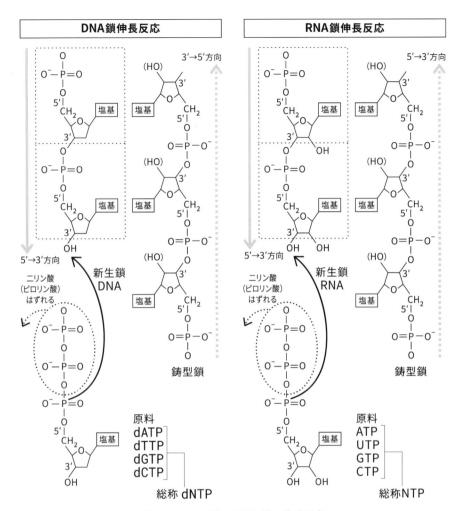

図 13　DNA 鎖、RNA 鎖の伸長反応

する鎖の向きは逆平行なので、鋳型鎖と新生鎖は 5′ → 3′ の向きが逆になっている）。
図 13 はこれを示したものである。

3. 合成で新たに連結される素材はヌクレオシド三リン酸（塩基＋糖＋三リン酸）[*15]であ
   り、ピロリン酸（二リン酸）が外れて、残った部分（塩基＋糖＋リン酸）が新しい
   鎖の中のヌクレオチドとなる。その際、リン酸は、新生鎖末端の −OH に結合する
   （−OH は図 5（☞ p. 11）で示したように O が δ−、H が δ+ となる極性を持ち、こ

[*15] 「塩基＋糖＋リン酸」をヌクレオチド（nucleotide）（【11】☞ p. 18）というのに対し「塩
基＋糖」の部分をヌクレオシド（nucleoside）という。これにリン酸が三つ結合したものはヌ
クレオシド三リン酸という。

の部分で他の分子と結合しやすい）。

　RNA 合成の原料は、塩基 A（アデニン）、U（ウラシル）、G（グアニン）、C（シトシン）と糖（リボース）が結合した物質（アデノシン、ウリジン、グアノシン、シチジン）に、三リン酸（triphosphate）が付加した構造をしており、ATP（アデノシン三リン酸）、UTP（ウリジン三リン酸）、GTP（グアノシン三リン酸）、CTP（シチジン三リン酸）と呼ぶ。これらの中には RNA 合成の原料としてでなく、他の目的で使用されるものもある。例えば ATP は細胞内でのエネルギー通貨、GTP は細胞内での受容体からの刺激伝達（シグナル伝達）にも使われる。DNA 合成の原料はリボースでなくデオキシリボースであるので、区別して、dATP、dGTP、dCTP という。また U ではなく T を塩基として持つため、dTTP（デオキシチミジン三リン酸）も DNA 合成の原料である。d は deoxy-の d で、「デオキシ」と読む。

　RNA、DNA の原料となる各四つの三リン酸は、総称してそれぞれ NTP、dNTP と呼ぶことがある。N は nucleoside（ヌクレオシド、塩基と糖の結合部分）の略である。ATGC、AUGC の、"どれかは特定できないが何らかの塩基である" という意味でも N と表記することがある。たとえば DNA 塩基配列で—ATGNGC—と書いてある場合は—ATGAGC—、—ATGTGC—、—ATGGGC—、—ATGCGC—の 4 通りがありうるという意味となる。

【15】　DNA 鎖、RNA 鎖伸長反応における 4 種類の酵素

　鋳型鎖と新生鎖は、DNA と RNA において、全組み合わせが可能である。つまり「鋳型鎖：DNA 鎖→新生鎖：DNA 鎖」「鋳型鎖：DNA 鎖→新生鎖：RNA 鎖」「鋳型鎖：RNA 鎖→新生鎖：DNA 鎖」「鋳型鎖：RNA 鎖→新生鎖：RNA 鎖」の 4 通りが可能である。

　DNA 鎖、RNA 鎖伸長反応は、鋳型鎖と新生鎖の組み合わせによって、異なる種類の酵素によって行われる。

　「○○○」を原本（鋳型）に「△△△」を合成する酵素を、「○○○依存性（dependent）△△△ポリメラーゼ（polymerase）」と呼ぶ。polymerase は合成酵素で、mere とは粒を示し DNA、RNA の基礎単位であるヌクレオチドを示し、それを多数（poly）連結し合成する酵素（-ase）を意味する。「○○○依存性」（○○○-dependent）というのは生物学用語独特の表現で「○○○と結合して」という意味である。「○○○依存性△△△ポリメラーゼ」とは「○○○を鋳型に（○○○に結合して）、△△△を合成する酵素」という意味である。

　鋳型鎖と新生鎖の組み合わせで 4 種類の酵素がある。

▷　DNA 依存性 DNA ポリメラーゼ（DNA-dependent DNA polymerase、略称 DdDp）
　　DNA → DNA（DNA 複製）
▷　DNA 依存性 RNA ポリメラーゼ（DNA-dependent RNA polymerase、略称 DdRp）
　　DNA → RNA（転写）
▷　RNA 依存性 DNA ポリメラーゼ（RNA-dependent DNA polymerase、略称 RdDp）
　　RNA → DNA（逆転写）
▷　RNA 依存性 RNA ポリメラーゼ（RNA-dependent RNA polymerase、略称 RdRp）
　　RNA → RNA（RNA 複製）

　図 14 に 4 種類の酵素を細胞やウイルスがどのように使っているかを示した。真核細胞、原核細胞は DdDp と DdRp を持ち DNA 複製や転写に使っている。生物学は真核細胞、

●真核細胞(ヒト)・原核細胞

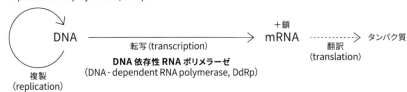

●真核細胞・原核細胞にはなく
　ウイルスが(遺伝子かタンパク質を)持ち込むもの

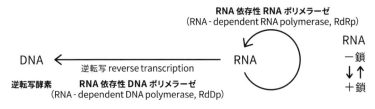

図 14　DNA ポリメラーゼ、RNA ポリメラーゼ

　原核細胞を中心に扱うので、単に「DNA ポリメラーゼ」「RNA ポリメラーゼ」と呼ぶ時は、DdDp と DdRp を示す。DNA ウイルスは真核細胞を乗っ取って、それを活用する。一方、ヒトの細胞など真核細胞は通常は RdRp や RdDp を使わないので持っていない。したがって、増殖にそれを必要とする RNA ウイルスは、ウイルス粒子の中にそれを保持してヒトの細胞に持ち込むか、ヒトの細胞に侵入後、細胞にそれを合成させる。

【16】　DNA 複製、転写、RNA 複製、逆転写の塩基対応

　図 15 は、四つの反応について、塩基対応の基本を 9 塩基（対）部分だけ強調して確認するためのものである。DNA 鎖を太線、RNA 鎖を細線で示している。図 15 では省略しているが、どの反応においても最初のスタート部分ではプライマーという短い鎖が鋳型鎖に結合し、一部だけ二本鎖ができる場所が合成の出発点となっている。

① DNA 複製（DNA → DNA）

　　DNA は二本鎖である。するとそれぞれの鎖に対してそれぞれ反対側に相補的な鎖が合成されないと DNA が複製されたことにならない。したがって、まず DNA 二本鎖をほどき（分離し）、DNA ポリメラーゼ（DdDp）によって、それぞれの鎖に相補的な鎖が複製され、同じ塩基配列の二本鎖が 2 本作られる。二本鎖を一本鎖にわけ、それぞれを鋳型に反対側の鎖を合成していく方法は、できた鎖の半分は元の鎖が保存され、新しく合成された鎖は半分なので半保存的複製（semiconservative replication）という。新生鎖合成のとき、鎖の向きが逆である「逆平行の原則」が守られて合成されていることを確認してほしい[16]。

---

[16] 図では二本鎖をほどくこととそれぞれの新生鎖を作ることは簡単に見える。しかし、実際には

①DNA複製（DNA→DNA、DNA依存性DNAポリメラーゼ）

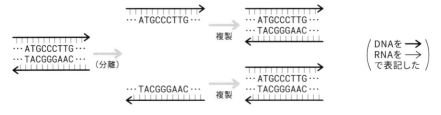

②転写（DNA→RNA、DNA依存性RNAポリメラーゼ）

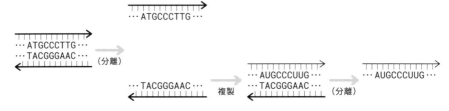

③RNA複製（RNA→RNA、RNA依存性RNAポリメラーゼ）

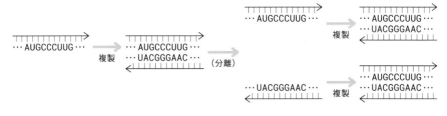

④逆転写（RNA→DNA、RNA依存性DNAポリメラーゼ（逆転写酵素））

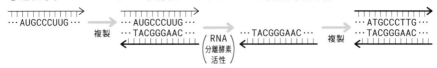

図 15　DNA、RNA 合成での塩基対の対応

② 転写（DNA → RNA）
　DNA の二本鎖をほどき、片側の鎖のみを鋳型鎖に RNA ポリメラーゼ（DdRp）によって相補的な RNA が合成され、分離し、プロセシングをへて核外に移動し、リボソームでタンパク質に翻訳される。

③ RNA 複製（RNA → RNA）

逆平行の原理を守りながら DNA 複製を行うのは簡単ではない。真核生物ではレプリコンという短い複製単位や岡崎フラグメントという生物学者の岡崎令治が 1966 年に発見した断片をうまく活用して複製している。岡崎令治は、この発見の後、広島で被爆していた後遺症で若くして亡くなった。

RNA 依存性 RNA ポリメラーゼ（RdRp）により、最初の RNA 鎖に相補的な RNA 鎖が合成される。一瞬 RNA は二本鎖となるが、すぐに分離し、それぞれを鋳型として相補的な RNA 鎖が合成されることを繰り返す。2 回複製をして初めて最初の鎖と同じ塩基配列の鎖ができる。

④ 逆転写（RNA → DNA）

まず、逆転写酵素（RNA 依存性 DNA ポリメラーゼ、RdDp）によって、RNA 鎖を鋳型に相補的な DNA 鎖が合成され、一瞬 RNA–DNA の二本鎖が合成される。しかし、逆転写酵素は DNA 合成完了後、鋳型鎖となった RNA を速やかに消去する RNA 分解酵素活性も持っている。その活性によって RNA が分解されるので DNA 一本鎖となる。続いて一本鎖 DNA を鋳型に二本鎖 DNA が合成される。

4 遺伝暗号（塩基配列）と遺伝子の発現

【17】 選択的遺伝子発現 ―細胞分化―

ヒトは、生殖において、まず卵細胞と精子という 2 細胞を合体（受精）させ受精卵を作る。その後、受精卵は DNA をコピーし各細胞に分配する細胞分裂により細胞数を増やし、個体を発生、成長させていく。卵細胞あるいは精子の中には、ヒトを形づくるのに必要な DNA の 1 セットが含まれる。ある生物やウイルスの特徴を示す DNA や RNA の 1 セットをゲノム（genome）という。したがって、受精卵のコピーを引き継いだヒトの細胞にある核は 2 ゲノム分の DNA を持つ。ヒト以外の真核生物も、生殖方法は受精とは限らないが、ほぼ同様な経過で核内に 2 ゲノム分の DNA を持つものが多い。

一方、受精を行わない細菌、他の細胞に自らの遺伝子を複製させるウイルスは細胞、あるいは構造の中にゲノム（細菌の場合は DNA、ウイルスの場合は DNA か RNA）を 1 セットのみ持つ。

体のそれぞれの細胞には、どの細胞でも働くタンパク質が合成される一方、その細胞で特異的に合成されるタンパク質もある。たとえば、赤血球になる前の細胞である赤芽球では酸素運搬に働く色素タンパク質「ヘモグロビン」が、眼のレンズを維持する細胞では透明なタンパク質「クリスタリン」が合成される。赤芽球でも眼のレンズを維持する細胞でも DNA は同じであり、クリスタリンもヘモグロビンも合成できる遺伝子を持っているが、赤芽球ではクリスタリンは合成されないし、眼のレンズを維持する細胞ではヘモグロビンは合成されない。

多細胞の真核生物では、それぞれの細胞の核が受精卵のコピーを引き継いだ DNA を持っているが、細胞ごとに発現する遺伝子と、発現しない遺伝子は異なる。これを選択的遺伝子発現（selective gene expression）という。それでは、多細胞の真核生物では核の中の特定の遺伝子をどのように発現させるのだろうか？

【18】 細胞における遺伝子の発現 ―転写と翻訳―

細胞における遺伝子発現の流れの一例を説明する。まず、図 16 にあるように、まず他の細胞からその細胞に向けて、血液、リンパ液、組織液などの体液を通じて、（タンパク質合成の）指令を与える物質が来る。これをリガンド（ligand）と総称し、ホルモンなどがその例である。それを細胞表面の受容体（receptor）が受け止めると、その情報を細胞質

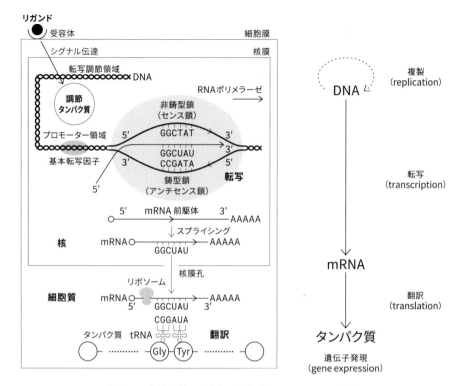

図 16　真核生物の転写、翻訳（セントラルドグマ）

を経て核の DNA に伝えていく連続反応の流れ（シグナル伝達）が起きる。その流れで核内に輸送された調節タンパク質が、DNA の遺伝子発現部分の上流にある転写調節領域に結合する。核内にもともとあった基本転写因子がプロモーター領域に結合すると、調節タンパク質と基本転写因子の結合位置付近にある DNA に RNA ポリメラーゼが結合する。RNA ポリメラーゼはほどかれた DNA の二重らせんの片側の DNA の塩基配列を読み、相補的な塩基対を持つ RNA（mRNA 前駆体）を合成する。これを転写（transcription）と呼ぶ。相補的な塩基対は DNA → RNA で、A → U（RNA に T はない）、T → A、G → C、C → G である。

　mRNA 前駆体は、核内で一部が切断されて短くなり（スプライシングという。【21】☞ p. 32 に詳述する）、mRNA（m は messenger、伝令 RNA）となり、細胞質に出る。さらにリボソームにおいて、3 塩基ごとに一つのアミノ酸が指定されて、特定のアミノ酸配列をもったタンパク質が合成される。これを翻訳（translation）という。DNA の塩基配列情報が、mRNA の塩基配列に相補的にコピー（転写）され、その情報を基に特定のアミノ酸配列を持ったタンパク質が合成（翻訳）される、という一連の流れはセントラルドグマ（central dogma）といわれ、1950 年代以降に研究で確立された。セントラルドグマは、生物の遺伝子発現における、もっとも基本的なしくみである。特定の遺伝子発現により、細胞が特定の役割を担う細胞になっていくことを、細胞の分化（differentiation）

28

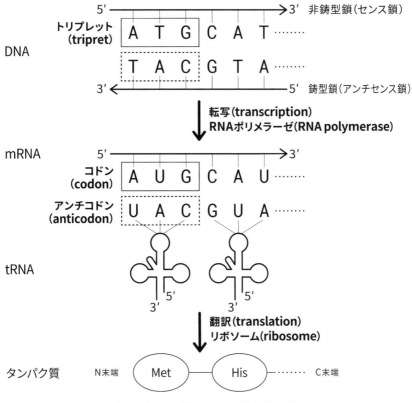

図 17　転写、翻訳における塩基対の対応

という。

　このように、特定の細胞に対して特定のリガンドと調節タンパク質が刺激を行い、特定の遺伝子が発現して特定のタンパク質が合成される。こうした一連の流れによって細胞が分化、すなわち、もともとは同じ受精卵由来の同じ DNA を持つ細胞が、筋肉細胞や肝細胞、神経細胞、皮膚の細胞のように役割分担をしていく。そして、それぞれの細胞同士が協力し合って、多細胞の真核生物の生命活動が行われているのである。

【19】　塩基対の対応の流れの確認

　塩基配列は一般に非常に長く続いているものであるが、その中の 6 塩基だけを抽出して、塩基対の対応の流れを確認してみよう。DNA は二重らせんであり両側に塩基配列がある。図 17 では、上側の鎖に……ATGCAT……（5′ → 3′ 方向の鎖の向きは→）、下側にその相補的塩基配列である……TACGTA……（鎖の向きは←）がある。

　RNA ポリメラーゼ（DdRp）が実際に鋳型として読み取る鋳型鎖が下側の鎖（鎖の向き←）であったとすると、上側の DNA は RNA ポリメラーゼに読み取られない「非鋳型鎖」となる。

鋳型鎖 DNA と新たに合成される mRNA 前駆体（この部分の説明ではスプライシングは省略するので、以下 mRNA と表記する）にも鎖の向きは逆平行（antiparallel）であるという原理があるので、新たに合成される mRNA は……AUGCAU……（鎖の向き→）となる。

　次に mRNA の塩基配列は、3 塩基ごとにアミノ酸配列に読み取られていく。この 3 塩基をコドン（codon）と呼ぶ。一方、これに対応する DNA 側の 3 塩基のことをトリプレット（triplet）と呼ぶ[17]。細胞質の中では、コドンごとに対応するアミノ酸が、リボソームというタンパク質合成装置において並べられ、ペプチド結合でつながることでタンパク質が合成される。mRNA とアミノ酸の仲立ちをする分子が tRNA（transfer RNA、転移 RNA）である。図 17 に示すように、tRNA は三つ葉のクローバー型の形をしている（2 本の鎖が接近している部分では対面するヌクレオチドの塩基対が水素結合している）。真ん中の葉の部分にある 3 塩基配列（アンチコドン、anticodon）が mRNA のコドンに相補的に結合する。特定のアンチコドンを持った tRNA は特定のアミノ酸を結合させ、リボソームに運び込む。この図 17 の場合、mRNA は AUG、CAU のコドン（鎖の向き→）を持ち、それに対応する tRNA は UAC、GUA（鎖の向き←）のアンチコドンを持ち、それぞれ Met（メチオニン）、His（ヒスチジン）というアミノ酸を運び込む。次に Met-His 間がペプチド結合で連結される。タンパク質のアミノ酸合成にも N 末端→ C 末端の合成に方向性があり、それを向きとすると Met-His（向き→）である。

【20】　遺伝暗号表、コドン（mRNA の 3 塩基）とアミノ酸対応表

　3 塩基が一つのアミノ酸を指定する暗号となっているとは、どういうことだろうか？ DNA や RNA の塩基がそれぞれ 4 種類しかないのに対し、生物が使うアミノ酸が 20 種類ある事実は、塩基がアミノ酸にどのように対応するかで様々な説を生んだ。4 種類の塩基を二つ並べても、4 通り（1 文字目）× 4 通り（2 文字目）＝ 16 通り の並べ方しかできず 20 種類のアミノ酸を指定するのに足りない。一方、三つ並びさせると 4 通り（1 文字目）× 4 通り（2 文字目）× 4 通り（3 文字目）＝ 64 通り の並べ方ができる。少し暗号の重なりはあるが、塩基の三つ並びで 20 種類のアミノ酸を指定するのではないかとの説が出された。そして、それが確かめられ、1960 年代に、mRNA のコドン（3 塩基配列）とアミノ酸との対応関係表（遺伝暗号表、genetic code table）が完成した。これが表 6 である。アミノ酸については、日本語表記、英語表記、3 文字略号、1 文字略号を状況によって使い分ける。表 6 の下に添付したので確認してほしい。

　この遺伝暗号表には二つの特徴がある。

1. 翻訳を開始させる開始コドン（開始暗号）は AUG で Met（メチオニン）を指定。終止コドン（終止暗号）は、UAA、UAG、UGA であり、アミノ酸は何も指定せず、終結因子が張り付き、その一つ手前の暗号に対応するアミノ酸で翻訳（アミノ酸配列によ

---

[17] トリプレット（triplet）は三つ組の意味で、場合によっては RNA におけるコドンのことを含めた総称で用いられることもある。しかし、医療の世界では、トリプレットリピート病という DNA の 3 塩基の繰り返しが原因である疾病もあり、トリプレットは DNA を想定している使い方が多い。よって本書では RNA のコドンに対応する DNA の 3 塩基をトリプレットと呼ぶ。

		2番目の塩基				
		U	C	A	G	
1番目の塩基	U	UUU ⎫ Phe UUC ⎭ UUA ⎫ Leu UUG ⎭	UCU ⎫ UCC ⎬ Ser UCA ⎪ UCG ⎭	UAU ⎫ Tyr UAC ⎭ **UAA** ⎫ 終止 **UAG** ⎭	UGU ⎫ Cys UGC ⎭ **UGA** 終止 UGG Trp	U C A G
	C	CUU ⎫ CUC ⎬ Leu CUA ⎪ CUG ⎭	CCU ⎫ CCC ⎬ Pro CCA ⎪ CCG ⎭	CAU ⎫ His CAC ⎭ CAA ⎫ Gln CAG ⎭	CGU ⎫ CGC ⎬ Arg CGA ⎪ CGG ⎭	U C A G
	A	AUU ⎫ AUC ⎬ Ile AUA ⎭ **AUG** Met（開始）	ACU ⎫ ACC ⎬ Thr ACA ⎪ ACG ⎭	AAU ⎫ Asn AAC ⎭ AAA ⎫ Lys AAG ⎭	AGU ⎫ Ser AGC ⎭ AGA ⎫ Arg AGG ⎭	U C A G
	G	GUU ⎫ GUC ⎬ Val GUA ⎪ GUG ⎭	GCU ⎫ GCC ⎬ Ala GCA ⎪ GCG ⎭	GAU ⎫ Asp GAC ⎭ GAA ⎫ Glu GAG ⎭	GGU ⎫ GGC ⎬ Gly GGA ⎪ GGG ⎭	U C A G	3番目の塩基

アスパラギン（asparagine, Asn, N）、アスパラギン酸（aspartic acid, Asp, D）、アラニン（alanine, Ala, A）、アルギニン（arginine, Arg, R）、イソロイシン（isoleucine, Ile, I）、グリシン（glycine, Gly, G）、グルタミン（glutamine, Gln, Q）、グルタミン酸（glutamic acid, Glu, E）、システイン（cysteine, Cys, C）、セリン（serine, Ser, S）、チロシン（tyrosine, Try, Y）、トリプトファン（tryptophan, Trp, W）、トレオニン（threonine, Thr, T）、バリン（varine, Val, V）、ヒスチジン（histidine, His, H）、フェニルアラニン（phenylalanine, Phe, F）、プロリン（proline, Pro, P）、メチオニン（metheonine, Met, M）、リシン（lysine, Lys, K）、ロイシン（leucine, Leu, L）

表 6　遺伝暗号表、コドン（mRNA の 3 塩基配列）とアミノ酸対応表

るタンパク質合成）を終了する[18]。

2. 終止コドンを除き、61 暗号がアミノ酸に対応しているが、指定すべきアミノ酸は 20 種なので、違う暗号が同じアミノ酸を指定することも多い。とりわけ、3 文字目が異なっていても同じアミノ酸を指定することが比較的多い。

　開始コドンと終止コドンは、英語の「大文字で始まり、ピリオド（.）で終わる」で一つの文章が完結するような約束である。アミノ酸配列で合成されるタンパク質の場合、アミノ酸数は様々あるものの、300 から 500 個程度の場合が多い。その一つの有限長の区切りを、このような暗号で指定している。なお、そうすると生物が作っているタンパク質の *N* 末端は必ず Met（メチオニン）になっているかと思いがちだが、タンパク質が合成されたあと、多くの場合で先頭の Met を除去するため、すべてのタンパク質の *N* 末端が Met から始まるわけではない。

---

[18] 著者は受験生向けに以下の語呂を作った。「受験勉強は 8 月（AUG（UST））から始めるとメチャンコ（メチオニン）遅くて、うああ（UAA）、うあぐ（UAG）、うがー（UGA）でうなりながら終わる」。メチャンコは『Dr. スランプ』のアラレちゃんの言葉であるが、今の受験生はあまり知らないようである。

	開始	終止
DNA	ATG	TAA TAG TGA
mRNA	AUG	UAA UAG UGA

表7　開始暗号と終止暗号（DNA、RNA）

　この暗号はヒトなど真核生物の全細胞から、大腸菌など原核生物まで基本的に全て同じである（一部「方言」のような例外もあるが）。ウイルスがヒト細胞内で自らのウイルスタンパク質を合成させる場合も、この暗号を使用している。例えば遺伝子組換え医薬品として、糖尿病の治療のため、ヒトインスリンを大腸菌に作らせて大量生産する技術が確立されているが、それが可能なのは、大腸菌とヒトの遺伝暗号が同じだからである。

【21】　真核生物の転写、スプライシング、翻訳

　mRNA（前駆体）の開始コドン AUG（鎖の向き→）の部分を考えてみよう。これは、鋳型鎖 DNA の塩基配列 TAC（鎖の向き←）を鋳型に、RNA ポリメラーゼが相補的に合成したものである。鋳型鎖 DNA の TAC の反対側にある DNA 鎖（非鋳型鎖、鎖の向き→）の相補的塩基配列は、ATG（鎖の向き→）となる。非鋳型鎖は転写には直接関与しないが、mRNA の暗号とは「相補的塩基の相補的塩基」、つまり「裏返しの裏返し」の関係となり、mRNA の AUG の U を T に置き換えただけの ATG となる。

　私たちは（本書もそうだが）日本語でも英語でも科学論文も含めた多くの横書き文章を左から右（「→」の向き）に読むことに慣れている。すると遺伝子も、実際に RNA ポリメラーゼが読み取る鋳型鎖ではない「非鋳型鎖」の側で示すほうが、

1. 読む向き（→）と一致する
2. mRNA の遺伝暗号表と U を T に置き換えるだけで同じ暗号となる

という点で便利である。そこで分子生物学では、非鋳型鎖上に遺伝子があると考え、DNA上の遺伝子も非鋳型鎖の塩基配列で示すことになっている。非鋳型鎖の塩基配列の並びの側に遺伝暗号表で読める意味があると考え、センス鎖（sense strand）、鋳型鎖はアンチセンス鎖（antisense strand）という言い方もされている（図17）。

　これらの約束をふまえて、真核生物の DNA 上（センス鎖）と mRNA 上の塩基配列における開始暗号と終止暗号を確認すると表7のようになる。

　なお図18においては、転写、スプライシング、翻訳の流れの中に重要な塩基配列を付記し、直接タンパク質に翻訳される部分の塩基をこれまで通り A、T、U、G、C など大文字で示し、同じ塩基でも、その後除去されたり直接タンパク質に翻訳されず構造保護に関与している部分を a、t、(u)、g、c など小文字で示してある。

　DNA の前半（上流）になる ccaat には調節タンパク質が結合し、その次にある ataaaa の部分（プロモーター、promoter）には基本転写因子が結合し、その直後に

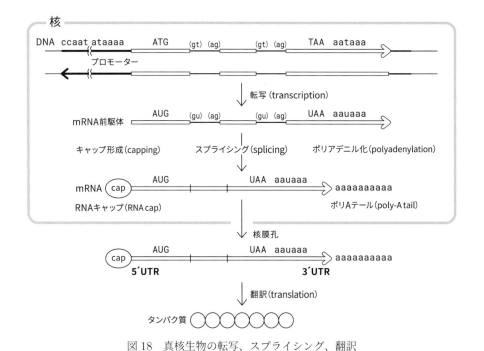

図 18　真核生物の転写、スプライシング、翻訳

RNA ポリメラーゼ（DdRp）が結合し、mRNA 前駆体（pre-mRNA）へ転写を開始する部位となる。

　翻訳（タンパク質合成）は、DNA センス鎖でいうと **ATG** のところから始まるが、転写はそれよりさらに手前（上流）から始まる。終止暗号はこの図 18 の DNA センス鎖でいうと **TAA** であるが、転写はそこで終了するのではない。それより下流まで転写される。

　次に転写された mRNA 前駆体は核内で RNA プロセシング（RNA processing）という切断、再結合などの作用を受ける。mRNA 前駆体ではエキソン（exon）といわれる部分とイントロン（intron）といわれる部分が交互に並んでいる。図 18 ではエキソンを長方形の箱状、イントロンを線で示した。まず、イントロンが除去され、エキソン同士がつなぎ合わされる。このイントロン除去をスプライシング（splicing）という。スプライシングを行うのは RNA とタンパク質の複合体であるスプライソソーム（spliceosome）である。スプライソソームがイントロンと認識し除去する目印としている配列は、イントロンの先端（5′ 側）、中間、後尾（3′ 側）の 3 か所にある。典型的なスプライシングでは、先端（5′ スプライス部位）の先頭 2 塩基は **GU**、後尾（3′ スプライス部位）の末端 2 塩基は **AG** であるので、イントロンの部位を見分ける一つの目安になる。これを **GU-AG** 則ということがある。DNA において対応する場所は **GT-TG** となり、遺伝子の中でイントロンの部分を見出す一つの目安となる。また構造保護などのため、5′ 末端側に Cap 構造を付け（キャップ形成）、3′ 側に、A が並んだヌクレオチド（poly-A tail）を付加（ポリアデニル化）した成熟した mRNA となり細胞質に出ていく。細胞質でタンパク質合成装置

であるリボソームにこの mRNA が結合すると、AUG から UAA の手前までの 3 塩基（コドン）に、そのコドンに相補的なアンチコドンを持ち特定のアミノ酸を結合させた tRNA が結合する。そしてそれぞれの tRNA が運んできたアミノ酸同士がペプチド結合しタンパク質が合成される。mRNA の 5′ 側の開始コドンの前にある配列はタンパク質に読み取られないので 5′ UTR（untranslated region、非翻訳領域）、3′ 側の終止コドンより後にある配列も読み取られないので 3′ UTR という。

　図 19 は、赤血球に含まれる酸素運搬に関わる色素タンパク質の β グロビン部分の遺伝子領域と対応するアミノ酸を示したものである。分子生物学では長い遺伝子領域をこのように表記することが多いがこれは様々な工夫がほどこされた絶妙な表記方法である。

1. DNA センス鎖の塩基配列を 5′ → 3′ に並べたものであり、読む向き（→）は日本語や英語の一般の文章と同じで、左から右、上段から下段に並んでいる。

2. アミノ酸に翻訳されないイントロンや 5′ UTR、3′ UTR 部分を英語小文字、アミノ酸の翻訳されるエキソン部分（コード領域という）を英語大文字で表記し区別しやすいようにしている。

3. 1 行に 60 塩基（場合によっては 30 塩基）を並べ、十進法に慣れた数え方ができるとともに、60（30）という 3 の倍数の数を選ぶことにより、アミノ酸に対応するトリプレットが縦列にきれいに並ぶようにしている。エキソン部分のトリプレット（3 塩基）の最初の塩基の下に翻訳されるアミノ酸を 1 文字で示し、読み枠がわかるようにしているが、1 行が 60 塩基（30 塩基）であるために、同じエキソン内ではそのアミノ酸記号が縦にきれいに並び読みやすい[19]。

　タンパク質に翻訳されるコード領域（大文字部分）の最初の 3 塩基は開始暗号 ATG であり、最後の 3 塩基は終止暗号 TAA であること、またイントロンは最初が gt で最後が ag であり、GT-AG 則に従っていることもわかる。基本的な法則や読み方に慣れてくると、単なる A、T、G、C の並びから、転写、翻訳の流れや作られるタンパク質の姿まで見抜けるようになる。これは、音楽家が、音符という記号の並びを見ただけで、旋律や曲が頭の中に浮かぶことと似ているかもしれない[20][21]。

【22】 変異

　遺伝子が、紫外線や化学物質の影響、あるいはそれらが特になくても、ある確率で変わっていくことを変異（mutation）という。染色体は、DNA とそれを巻き付けるヒス

---

[19] 図 19 で、236 番と 237 番の塩基 AG は 2 文字でアミノ酸 R を指定しているのではない。DNA が mRNA 前駆体に転写されスプライシングされる際、それに続くイントロン（英語小文字部分）が除去される。すると、これは次のエキソンの先頭（369 番）の G と連結され、mRNA ではあわせて AGG で R（アルギニン）が指定されている。したがって、続くエキソン部分では読み枠は 370〜372 番目のトリプレットに対応する読み枠となるので、370 の下にアミノ酸記号 L が表記されている。

[20] コロナの緊急事態宣言明けで、まだ本書が構想段階であったとき、遺伝子については学んだことのない音楽関係者と意見交換をする機会があった。遺伝子の塩基配列の読み方の原則を説明すると、その方も音符と遺伝子の塩基配列の並びの表には似た点もあるとの感想を述べられた。

[21] 編注：自然言語処理の分野では、こうした複雑記号列の意味を読み解く研究は多数ある。

β-globine 遺伝子

1	gagccacacc	ctagggttgg	**ccaat**ctact ↑ 調節タンパク質 結合部位	cccaggagca	gggagggcag	gagccagggc 60
61	tgggc**ataaa** ↑ 基本転写因子 結合部位	agtcagggca	gagccatcta	ttgcttacat	ttgcttctga	cacaactgtg 120
121	ttcactagca	acctcaaaca 5´-UTR	gacacc**ATGG** 　　　M V 　　　↑ 　開始暗号	TGCACCTGAC H L T	TCCTGAGGAG P E E	AAGTCTGCCG K S A V 180
181	TTACTGCCCT T A L	GTGGGGCAAG W G K	GTGAACGTGG V N V D	ATGAAGTTGG E V G	TGGTGAGGCC G E A	CTGGGCAGgt L G R 240
241	tggtatcaag	gttacaagac	aggcccaagg	agaccaatag	aaactgggca	tgtggagaca 300
301	gagaagactc	ttgggtttct	gataggcact	gactctctct	gaatatggt	ctattttccc 360
361	acccttag**GC** L	TGCTGGTGGT L V V	CTACCCTTGG Y P W	ACCCAGAGGT T Q R F	TCTTTGAGTC F E S	CTTTGGGGAT F G D 420

421〜540略(2行分のexon)

541	CTGAGTGAGC L S E L	TGCACTGTGA H C D	CAAGCTGCAC K L H	GTGGATCCTG V D P E	AGAACTTCAG N F R	Ggtgagtcta G 600

601〜1380略(13行分のintron)

1381	tctgagtcca	agctaggccc	ttttgctaat	catgttcata	cctcttatct	tcctcccaca 1440
1441	g**CTCCTGGCC** L L G	AACGTGCTGG N V L V	TCTGTGTGCT C V L	GGCCCATCAC A H H	TTTGGCAAAG F G R E	AATTCACCCC F T P 1500
1501	ACCAGTGCAG P V Q	GCTGCCTATC A A Y Q	AGAAAGTGGT K V V	GGCTGGTGTG A G V	GCTAATGCCC A N A L	TGGCCCACAA A H K 1560
1561	GTATCACTAA Y H ↑ 　　終止暗号	gctcgctttc 3´-UTR	ttgctgtcca	attttctatta	aaggttcctt	tgttccctaa 1620
1621	gtccaactac	caaactgggg	gatattatga	agggccttga	gcatctggat	tctgcct**aat** ↑ ポリA 付加シグナル 1680
1681	**aaa**aaacatt	tattttcatt	gcaatgatgt	atttaaatta	tttatgaata	ttttactaaa 1740

図 19　β グロビン遺伝子領域の塩基配列とアミノ酸配列

置換（substitution）

●サイレント置換（silent substitution）
主に3文字目変異→同じアミノ酸→変化なし

●ミスセンス変異（missense mutation）
1アミノ酸変異

例　鎌状赤血球貧血症　GAA（グルタミン酸）→GTA（バリン）

●ナンセンス変異（nonsense mutation）
アミノ酸指定 → 終止暗号 → 短いタンパク質→ 影響大

挿入（付加、insertion）・欠失（deletion）

●フレームシフト変異（frameshift mutation）→ 変異箇所以降の全アミノ酸変異 ＋ 変異前より早めの終止コドン出現で短いタンパク質 →影響大

図 20　点変異（point mutation）

トンというタンパク質でできた長いヒモであるが、変異には、染色体の一部が欠失したり、一部が重複したり、逆方向にくっついたり（逆位）、一部が別の染色体に結合する（転座）などのパターンがある。ただ、そのような大規模な変化を伴わなくても、塩基配列の一部が変化するだけでも変異が生じる。1 塩基の変化のみで生じる変異を点変異（point mutation）という。なお、真核生物の場合、スプライシングで捨てられるイントロン部分の変異はアミノ酸配列に影響を与えず、エキソン部分の変異が影響を及ぼす。以下の記述は全てエキソン部分の変異と考えてほしい。

図 20 に点変異のパターンを示した。点変異には、一つの塩基が別の塩基に置き換わる置換（substitution）、1 塩基が付加される挿入（付加、insertion）、1 塩基が失われる欠失（deletion）の三種類がある。置換の場合、コドンの 1 塩基が変化することになる。この変化は、アミノ酸の指定を変える場合と、変えない場合がある。変えない場合は、コドンの 3 塩基目の置換であることが多い（表 6 の遺伝暗号表を見ながら確認してほしい）。たとえばコドンに対応する DNA の 3 塩基が CTT → CTC となった場合、コドンは CUU → CUC と変化するが、どちらも Leu（ロイシン）を指定する暗号なので、アミノ酸は変わらない。アミノ酸を変化させない置換をサイレント置換（silent substitution）という。

一方、コドンに対応する DNA の 3 塩基が TGT → TGG となった場合、コドンは UGU → UGG となり、アミノ酸も Cys（システイン）→ Trp（トリプトファン）となる。また、コドンに対応する DNA の 3 塩基が CTT → CCT となった場合も、コドンは CUU → CCU となり、アミノ酸は Leu（ロイシン）から Pro（プロリン）に変化する。これらの場合はアミノ酸が変わる。アミノ酸を変化させる置換の場合、これによって起きるアミノ酸の変異をミスセンス変異（missense mutation）という。置換がコドンの 1、2 塩基目の場合は、ほとんどの場合、ミスセンス変異を引き起こす[*22]。

*22 コドンの 1、2 塩基目の 1 塩基置換がサイレント置換になるのは、コドンで UUA → CUA、CUA → UUA、UUG → CUG、CUG → UUG の場合のみで、すべてアミノ酸は Leu（ロイシン）のままである。

A遺伝子	GTG	ACC	CCT	················	GCC	····	TGA	····
	Val	Thr	Pro		Ala		終止	
B遺伝子	GTG	ACC	CCT	················	GGC	····	TGA	····
	Val	Thr	Pro		**Gly**		終止	
O遺伝子	GT☒A	CCC	CTT	····	**TAA**			
	Val	**Pro**	**Leu**		**終止**			

図 21　ABO 式血液型遺伝子と変異

　タンパク質は、平均 300 から 500 個程度から成るアミノ酸の鎖が、立体構造を形成しており、一つのミスセンス変異では、そのうち 1 アミノ酸だけが変化したにすぎない。この変化が、タンパク質の立体構造や酵素の活性部位などに影響をあまり与えないならば、変異による影響は少ない。しかし、この変化が重要な影響を及ぼす場合もある。ヘモグロビン中のグロビンタンパク質を指定する遺伝子の場合、1 塩基の置換が 1 アミノ酸の変化を引き起こし、これが赤血球の形や機能に影響を及ぼすこともある（鎌状赤血球貧血症）。またアミノ酸指定コドンが、終止コドンに変わる場合も影響が大きい。たとえば 300 個のアミノ酸を指定する（終止コドンは 301 番目）はずのタンパク質の 201 番目のコドンに相当する DNA が TTA → TAA となる場合、コドンは UUA → UAA となり、Leu（ロイシン）が終止コドンとなる（ナンセンス変異、nonsense mutation）。すると変異前は 300 コドンまではアミノ酸に翻訳されたのが、200 番目までしか翻訳されなくなり、タンパク質が短くなり、活性を失うことがある。

　一方、欠失や挿入（付加）の場合、基本的には、その変異箇所以降は 3 文字ずつ読んでいく読み枠自体がすべて変化し、アミノ酸配列がすべて変化する。この変異をフレームシフト変異（frameshift mutation）という。欠失や挿入が起きると、その場所以降の新しい読み枠では、変異前の場合より早めに終止コドンが出現することが多い[*23]。この場合、タンパク質自身も短くなるため、挿入（付加）や欠失の場合は、変異の影響が大きくなることがほとんどである。図 21 で、ABO 式血液型における点変異を説明しよう。ABO 式血液型の A 型、B 型、AB 型、O 型の差は、赤血球表面にどの糖を付加するかの差である。共通の糖鎖の土台に、A 転移酵素で N-アセチルグルコサミンが付加されるのが A 型、B 転移酵素でガラクトースが付加されるのが B 型、両方ないために付加がないのが O 型、両方の付加がおきるのが AB 型である。ヒトはもともと A 転移酵素を指定する遺伝子を持っており、それが B 転移酵素に変異したり、働きを失って O 型になるようになったと考えられている。図 21 は、それぞれの遺伝子の関連部分 DNA のトリプレットの一部を示したものである。A 遺伝子→ B 遺伝子の変異は GCC（Ala）→ GGC（Gly）へのミスセンス変異で、読み枠は変化せず、終止暗号の位置も変化しないので、アミノ酸の数（タンパク質の大きさ）も変化しない。その変異による働きの差は別の種類の糖を付加することとなる。一方、A 遺伝子→ O 遺伝子変異は欠失（図 21 の「×」）である。すると、それ以降の読み枠が全て変化するフレームシフト変異が起き、終止暗号も早めに出てアミノ酸

[*23] 変異前のタンパク質では機能を果たす部位のアミノ酸配列を指定するコドンが並び終止コドンはまだ出現しない塩基配列部分でも、フレームシフトによって、3 塩基ごと認識される読み枠となるので、終止コドンが出現する場合が多い。

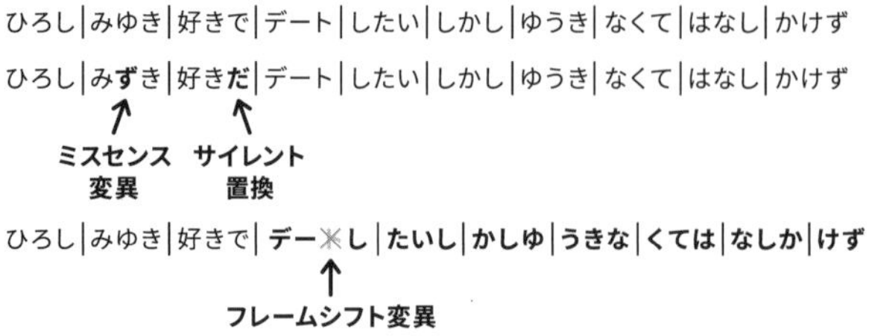

| ひろし | みゆき | 好きで | デート | したい | しかし | ゆうき | なくて | はなし | かけず |

| ひろし | みずき | 好きだ | デート | したい | しかし | ゆうき | なくて | はなし | かけず |

　　　　↑　　　　↑
　ミスセンス　サイレント
　　変異　　　置換

| ひろし | みゆき | 好きで | デー ※ し | たいし | かしゆ | うきな | くては | なしか | けず |

　　　　　　　　↑
　　　　フレームシフト変異

図 22　変異のたとえ

数が少なくなる。この変異の影響は大きく、そもそも糖鎖付加が不可能となる。この例のように、一般的に、挿入や欠失によるフレームシフト変異は、置換による変異よりも影響が大きく、もともと持っていたタンパク質の活性を失うことが多い。

　図 22 に置換と挿入や欠失の影響の差を日本語の文章の音節で例えたものを示した。3音節区切りで成りたっている日本語の文章において、「置換」は 1 音節が他の音節に置き換わるようなものである。「みゆき→みずき」では好きな相手が変化しているが、文章の意味は通じる（ミスセンス変異）。また「好きで→好きだ」はほぼ意味に変化はなく（サイレント変異）、文章の読み枠と終わりにも変化はなく文章は同じ長さで成り立っている。しかし 1 音節が欠失すると読み枠がずれ（フレームシフト変異）、読み枠の内容は意味不明となる。

5　遺伝子やタンパク質の大きさのイメージ

【23】　原子量と分子量

　原子にも、その結合でできた分子にも質量（重さ）がある。DNA にも RNA にも、塩基配列の長さ（情報量）があり、指定するタンパク質の種類数と関係する。大きさについては、同じ球でも卓球の球なのか、サッカーボールなのか、気球の風船なのかで大きさや機能が異なる。長さ（距離）も 1 m 先なのか 1 km 先なのか 10 km 先なのかで位置は異なる。眼に見えない遺伝子やタンパク質の世界を見る上で、標準的な大きさのイメージを持ったほうが遺伝子、タンパク質を身近に感じることができるはずである。

　原子核に比べて電子の質量は無視できるほど小さいため、原子の質量は概ね原子核を構成する陽子と中性子の数の和（質量数）で決まる。陽子と中性子の質量は、ほぼ同じである。原子の化学的な性質は陽子の数（＝電子の数）で決まるので、中性子だけが若干多かったり少なかったりしても同じ種類の原子とみなされる。同じ種類の原子でも、中性子数が異なる異なる原子を同位体（isotope）という。一般に自然界の元素では、大多数の原子が同じ中性子数であり、異なる中性子数の同位体が一定割合で存在する。このため原子の質量の平均値は、整数値である質量数とは微妙に異なってくる。「陽子数 6、中性子数 6」の炭素原子を 12 とみなした場合の各原子の相対的な質量を、同位体の存在比まで計算して出したものを原子量といい、例えば H の原子量は 1.008 となり、ぴったり整数値にはならない。

　ただ生物が使っている 6 種の原子に関していえば、原子量を質量数（整数値）で近似して扱っても実際上は差し支えない。原子量は、その原子に関して、もっとも多く存在する

同位体の質量数（整数値）に近い。本書では簡略のために小数点以下は四捨五入して整数で示す。生物が使っている6種類の原子について、最多の同位体の陽子、中性子数と、整数値にした原子量（質量数）を表8に示す。陽子数と中性子数はほぼ等しいので、原子量は陽子数（電子数）のほぼ2倍となることが多い。

元素記号	原子番号	中性子数	質量数	原子量
H	1	0	1	1.008
C	6	6	12	12.011
N	7	7	14	14.007
O	8	8	16	15.999
P	15	16	31	30.974
S	16	16	32	32.065

表8　同位体の陽子、中性子数、整数値にした原子量（質量数）

分子量は原子量の合計なので、例えば水（H_2O）は $1 \times 2 + 16 = 18$ と計算できる。アミノ酸の一種であるアスパラギン（図23）は、$C_4H_8O_3N_2$ と表現でき、分子量は

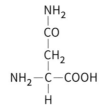

図23　アスパラギンの構造式

$12 \times 4 + 1 \times 8 + 16 \times 3 + 14 \times 2 = 132$ となる。ただ、実際の原子や分子1個の重さは小さすぎてイメージしにくい。ご飯を炊くときでも米粒1個の重さをはかることは困難だが、米粒の集合であれば 100 g や 200 g のようにはかることができる。原子や分子も、ある数を集合させると日常生活で使う単位（グラム、g）で示すことができる質量になる。原子や分子を 6×10^{23}（アボガドロ数）個集めると原子量、分子量に g をつけた質量にできる。原子や分子の 6×10^{23}（アボガドロ数）個の集合を 1 mol（モル）と呼ぶ。
▷　水素原子（H）は 6×10^{23} 個集めると 1 g
▷　水素分子（H_2）は 6×10^{23} 個集めると 2 g
▷　水分子（H_2O）は 6×10^{23} 個集めると 18 g
▷　アスパラギン分子（$C_4H_8O_3N_2$）は 6×10^{23} 個集めると 132 g
である。なお、10^{23} は $10 \times 10 \times \cdots \times 10$ のように 10 を 23 回かけた数のことを示している。この 23 を「指数」という。以下、指数について少しばかり説明する。
　日本語では大きな数は「千」「万」「億」「兆」、小さな数は「千分の一」「1 万分の一」「1億分の一」「1 兆分の一」のように示すことができるが、表記が煩雑な上、それぞれの数の関係がわかりにくい。そこで大きな値、小さな値はこの指数で示すとわかりやすくなる。日本の「万」「億」「兆」は 4 桁ごとの値であるが、欧米では thousand（千）、million（百

万）、billion（十億）、trillion（一兆）と 3 桁ごとなので、欧米の単位を基本とした自然科学の数値は 3 桁ごとに、キロやメガやギガといった単位（SI 接頭辞）をつける[*24]。

- 1000（千）= $10 \times 10 \times 10 = 10^3$ で k（キロ）。
- 1000000（百万）= $10 \times 10 \times 10 \times 10 \times 10 \times 10 = 10^6$ で M（メガ）。
- 1000000000（十億）= $10 \times 10 \times 10 \times 10 \times 10 \times 10 \times 10 \times 10 \times 10 = 10^9$ で G（ギガ）。

これは距離の単位となったり、コンピューターのデータ容量の単位でも使われている。

一方、小数点以下の小さな数値は次のように表記する。まず 1/1000（千分の一）は $1/10 \times 1/10 \times 1/10$ で 1/10 は 10^{-1} と考え、$\times 1/10$ を繰り返した数だけ指数の $-$ の後の値が増えていく。

よって $1/1000 = 10^{-3}$ で m（ミリ）と表現する。1 mm（ミリメートル）は 1 m の 1/1000 である。同様に、1/1000000（百万分の一）は 10^{-6} で μ（マイクロ）、1/1000000000（十億分の一）は 10^{-9} で n（ナノ）と表現する。

- $1\,\mathrm{m} = 10^3\,\mathrm{mm} = 10^6\,\mathrm{\mu m} = 10^9\,\mathrm{nm}$、
- $1\,\mathrm{\mu m} = 10^{-3}\,\mathrm{mm} = 10^{-6}\,\mathrm{m}$、
- $1\,\mathrm{nm} = 10^{-3}\,\mathrm{\mu m} = 10^{-6}\,\mathrm{mm} = 10^{-9}\,\mathrm{m}$、

のように 3 桁ごとに数値の区切りでお互いの単位を変換できるように発想ができると、分子、原子や生物の大きさのイメージがしやすくなる。小中学校でよく出てきた単位 c（センチ）は 1/100、d（デシ）は 1/10 であるが（3 桁ではないので）自然科学ではあまり使わない。

【24】 生物、細胞、ウイルスの大きさ

図 24 は、単位を理解していただいた上で見てほしい、生物の大きさの比較図である。この数直線では 10 倍ごと（1/10 ごと）を 1 目盛りとして表現している。おおざっぱにいうと、真核細胞（ヒト細胞）は数十 μm、原核細胞（細菌）は 1 μm、ウイルスは 100 nm なので、大きさの比は 100 : 10 : 1 である。実際の 100 : 10 : 1（$10^{-1} : 10^{-2} : 10^{-3}$）の長さの比を一番下に表記している。数直線上は 1 目盛りの表記でも実際の大きさや長さの変化は大きい。分解能とは、ある距離だけ離れた 2 点を異なる 2 点と判別できる長さである。ウイルスは光学顕微鏡でぎりぎり見える細菌よりもさらに小さく、電子顕微鏡でしか見えない。

【25】 遺伝子の単位、タンパク質の分子量

生命活動に使われるタンパク質のアミノ酸数には数個から数万個までばらつきがある。ただ標準的にはアミノ酸 300 から 500 個ぐらいである。ヒトのタンパク質の平均アミノ酸数は 450、大腸菌は 320 で若干差はあるが、これはヒトのタンパク質の中で、巨大タンパク質（ジストロフィンなど）が平均値を高くしている側面もあり、生命活動の基本となるタンパク質に関しては、それほど差はない。真核生物も原核生物も、それら細胞を乗っ取ってタンパク質を合成させるウイルスも、標準的なタンパク質のアミノ酸数はほぼ

[*24] 情報工学では $2^{10} = 1024$ をキロとするなど、2 の累乗の近い値を SI 接頭辞とすることがあるが、本書は生物学の本なのでそれは考慮しない。

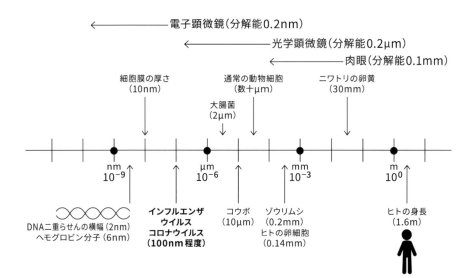

図 24　真核細胞、原核細胞、ウイルスの大きさ比較

同じである。アミノ酸 300 から 500 個ぐらいの並びが立体構造（三次構造）を作りやすい。アミノ酸 1 個の分子量はアミノ酸によって様々な差はあるが平均は 120 から 130 程度である（先ほど分子量の計算例として出したアスパラギンは 132）。アミノ酸同士が結合するとき、あいだの水分子（分子量 18）が外れるため、タンパク質中のアミノ酸（アミノ酸残基と呼ぶ）の分子量は概ね 100 程度となる。すると標準的なタンパク質の分子量は $100 \times$（300 から 500）で 3 万から 5 万程度となる。

　DNA や RNA のタンパク質指定領域の塩基数と標準的なタンパク質のアミノ酸数との対応を、図 25 に示した。

　タンパク質を指定する DNA や RNA の塩基数は、イントロンや 5′-UTR（非翻訳領域）、3′-UTR を除いて、直接タンパク質を指定する部分だけで考えると、アミノ酸 300 から 500 個を指定する塩基はだいたい 3 倍して 900 から 1500 塩基となる。

　塩基（base）の並びは b という単位で表記する。DNA の場合は塩基対（base pair）を構成するので bp とも表記するが、結局は片側に鎖のみの遺伝子が読まれるので DNA の bp と RNA の b は情報量としては同じになる。900 b から 1500 b（bp）、つまり 0.9 から 1.5 kb（kbp）となる。さらに簡略なイメージにするため、1 タンパク質のアミノ酸数を 333 と考えると、それを指定する塩基は 999 塩基（終止コドン含めると 1002 塩基）で 1 kb（kbp）となる。

- 一つの遺伝子（タンパク質指定塩基配列）は 1 kb（1 kbp）

41

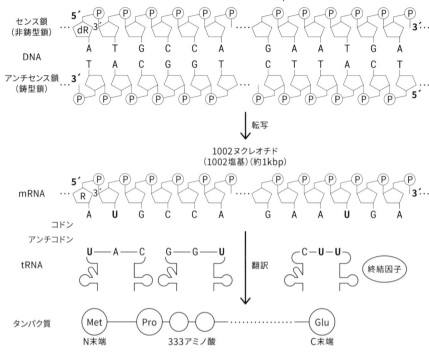

図 25　標準的なタンパク質とその遺伝子の大きさのイメージ

- 一つのタンパク質の平均分子量は 3 万から 5 万

とおおざっぱにイメージすると生物やウイルスのゲノムサイズを考えやすくなる。

【26】　ヒト、大腸菌、ウイルスのゲノムサイズと遺伝子数

　その生物やウイルスの特徴を示す遺伝子 1 セットをゲノム（genome）という。細菌やウイルスでは細胞あるいは構造内に所持している本体 DNA（ウイルスの場合は RNA もあり）に等しい。一方、ヒトなど真核生物の場合、受精によって卵細胞と精子という 2 細胞が合体して受精卵となりそこから細胞が増殖して成長していくという経過を持つ。卵細胞あるいは精子の中にある DNA にゲノムがそろっているため体細胞は 2 ゲノム分の DNA を持つ。よってゲノムの比較の場合、真核生物では卵細胞あるいは精子の持つ DNA をゲノムと考える。

　表 9 に、ヒト（真核生物）、大腸菌（原核生物）、コロナウイルス（ウイルス）のゲノムサイズ（塩基対数、塩基数）と、タンパク質を指定する遺伝子領域の数を比較した。先ほど概数計算で示したように「1 遺伝子（タンパク質指定塩基配列）は約 1 kb（1 kbp）」で

	真核生物 ヒト	原核生物(細菌など) 大腸菌	ウイルス コロナウイルス
遺伝子 種類	二本鎖DNA	二本鎖DNA	一本鎖RNA (ウイルスには 二本鎖DNA、一本鎖DNA、 二本鎖RNAもあり)
ゲノム サイズ	31億塩基対 (約$3.0×10^9$ bp) 3Gb、3000Mb 3000000kb (300万kb)	464万塩基対 (約$5.0×10^6$ bp) 4.6MB <u>4600kb</u> 1遺伝子 (タンパク質指定) ≒1kb?	3万塩基 (約$3.0×10^4$ b) <u>30kb</u>
遺伝子数 (タンパク質 指定領域)	約2万個	約4300個	約30個相当

表9　ゲノムサイズと遺伝子数の比較

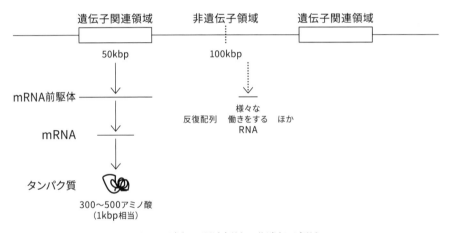

図26　遺伝子関連領域と非遺伝子領域

計算すると大腸菌とウイルス（コロナウイルス）はほぼ一致している。ところが、ヒトでは300万 kbp のゲノム量なのに2万遺伝子しかない。

　真核生物が、タンパク質指定領域よりずっと大きいゲノムを持っているのは、なぜだろうか？　この理由はいくつかある。第一に、図26に示したように、遺伝子関連領域の間にはその2倍にも相当する「非遺伝子領域」がある。ここは、タンパク質には翻訳されない領域である。ただ、反復配列（後述、【57】☞ p. 84）があったり、小さな RNA が転写され核内での様々な調節的な働きをしていることが注目されている。このように「非遺伝子領域」は全く働きがない領域とはいえないが、タンパク質の情報は指定していない。

　第二に遺伝子関連領域の中にでも、タンパク質のアミノ酸配列を指定せず、遺伝子の転

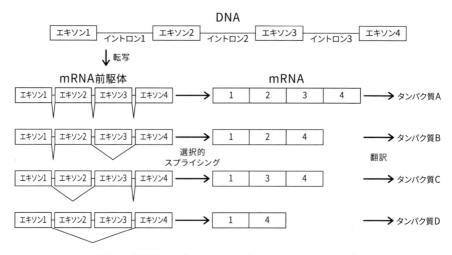

図 27　選択的スプライシング（alternative splicing）

写を調節する配列がある。

　第三にイントロンの存在である。スプライシングで捨てられるイントロンは、タンパク質のアミノ酸となりうるエキソン部分よりもずっと長い。したがって真核生物は、この「膨大な無駄」によって、ゲノム量に比して実際のタンパク質は種類が少ない（といってもゲノム自体が原核生物よりずっと大きいため、タンパク質の種類数は原核生物より多い）。

【27】　イントロンは「膨大な無駄」か？

　それではイントロンの存在は単なる無駄なのだろうか？　ヒトゲノムが 2003 年に解読されたとき、それまでヒトの生命活動には十万から数十万種類のタンパク質が必要だと推定されていたので、ヒトの遺伝子数（タンパク質指定領域）が約 2 万個という結果は生物学者たちの予測を下回る数であった。しかし、2 万個の遺伝子関連領域から実に 10 万種類以上のタンパク質を合成することが可能なしくみがある。それが選択的スプライシング（alternative splicing）である。図 27 にそのしくみを示した。四つのエキソンの間に三つのイントロンがある遺伝子領域で考えてみよう。まずは、RNA ポリメラーゼが、全部の DNA 領域を転写し、エキソン、イントロンを全て含む mRNA 前駆体を作る。次に行われるスプライシングでは、イントロンを全て捨て全てのエキソンをつなぎ合わせるやり方のほか、一部のエキソンをイントロンと一緒に捨ててしまうスプライシングも可能である。残すエキソン、捨てるエキソンの組合せには多様性がある。このようにして、同じ遺伝子領域の DNA からは、複数種類の mRNA が合成され、複数種類のタンパク質ができる。このようにして、ゲノム上にある遺伝子領域数より多くの種類のタンパク質を合成できる。これもイントロンがあるからこそできる「選択」による多様性の確保である。

　免疫分野では、イントロン除去の有無が、抗体の性質を変化させるというしくみがある。これは選択的スプライシングではないが、RNA プロセシングの変化が合成させるタンパク質を変化させる例として有名である。後述するが（【60】 ☞ p. 88）、体外から来た

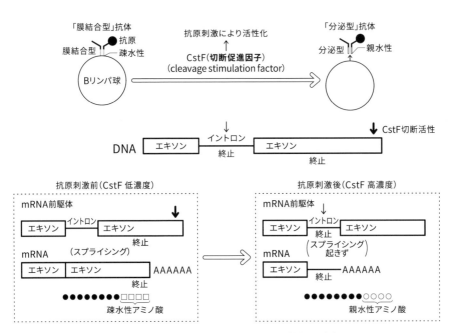

図 28　スプライシングの有無による抗体の変化

異物（抗原）を認識するタンパク質を抗体といい、B 細胞というリンパ球が合成している。B 細胞は最初は、細胞膜表面に結合するタイプの抗体「膜結合型抗体」を作るが、B 細胞表面の膜結合型抗体が抗原と結合する刺激を受けると、細胞外に分泌する「分泌型抗体」を作るように変化する。そのようにして血液など体液中に分泌された「分泌型抗体」が抗原と結合し、異物（抗原）に対抗する免疫作用を担う。

　図 28 に示したように、最初の「膜結合型抗体」と、刺激後作られる「分泌型抗体」は同じ抗原を認識するので先端の抗原結合部位のアミノ酸配列は同じである。変化するのは C 末端側のアミノ酸配列である。「膜結合型抗体」では C 末端側のアミノ酸配列が疎水性アミノ酸が中心で、リン脂質中心の構造である細胞膜に結合するのに対し、「分泌型抗体」では親水性アミノ酸配列が中心となり、細胞膜から離れ体液中に分泌される。

　この抗体を指定する DNA 領域から合成された mRNA 前駆体は CstF（cleavage stimulation factor、切断促進因子）といわれるタンパク質で切断されるが、切断されうる場所は 2 か所ある。図 28 では DNA 上にその 2 か所を「↓」で示した。このうち、太い「↓」の部位は低濃度の CstF で切断されるのに対し、細い「↓」の部位はより高濃度の CstF ではじめて切断される。

　B 細胞が抗原刺激を受けると B 細胞の核内で CstF の濃度が変化し、切断部位に差が生じる。抗原刺激前の低濃度の CstF では後半の「↓」で切断されるのでイントロンが残り、イントロンがスプライシングで除去され、2 つのエキソンが結合した mRNA ができる。この mRNA では 2 番目のエキソンの途中に終止コドンがあり、その手前まで翻訳が行われ、終止コドンに近い位置のアミノ酸配列は疎水性アミノ酸中心に指定される。

抗原刺激後の高濃度 CstF では前半のイントロン内の「↓」で切断が起きる。すると、スプライソソームがイントロン部位として認識する後尾の配列（3′ スプライス部位）がなくなり、イントロンとして除去されなくなる。すると最初のエキソンに続いてその部位は残されたままとなる。そして、この残された部位にある終止コドンの手前まで翻訳される。その場合、終止コドンに近い位置のアミノ酸配列は親水性アミノ酸中心に置き換わる。

　この例ではイントロンに対するスプライシングの有無が、抗体が働く場所の変化を引き起こしている。イントロンは決して無駄な存在ではない。

6　細菌と抗菌薬（抗生物質）

【28】　「菌」というあいまいな日常用語

　医療系大学の学部では、「(病原) 微生物学」という科目がある。この科目では感染症（infectious disease）を起こす病原微生物（pathogenic microbes）について学ぶのだが、そこに登場する 2 大グループが細菌とウイルスである。「(病原) 微生物学」では、他に、真菌、寄生虫（多細胞の真核生物）、プリオン（感染性タンパク質）も扱うが、本書では省略し[25]、細菌とウイルスを中心に記述したい。

　ところで、「菌」という言葉は、かなり無頓着に使われている。「菌」というのは漢字一文字で便利である。そして「菌」が感染症を引き起こす全ての微生物を示しているように捉えている人も多いようである。「菌」に対抗する衛生商品には「抗菌」「除菌」という言葉が付けられ、しばしば「○○でウイルスを除菌しよう」「ウイルスという目に見えない菌」などという表現が使われる。しかし生物学において、「菌（真菌）」「細菌」「ウイルス」は明確に異なる概念であり、それらに対する医療的対抗手段、対抗薬なども異なる。特に、「菌」と「細菌」は、「菌」という共通の漢字を含むため近い仲間に感じやすいが、英語では菌は fungus（複数形: fungi）、細菌は bacterium（複数形: bacteria）といって異なる単語である。

　まず、菌（真菌）とは、ヒトと一緒の真核生物で、その細胞は核膜に包まれた核（DNAを含む）、そして様々な細胞内小器官、細胞内構造体を持つ。菌にはキノコ、カビ、コウボ[26]などが含まれる。「菌」という表現だけでは細菌に間違われやすいので、区別を強調するときは「真菌」と呼ぶ[27]。

　次に、細菌は、原核生物で、その細胞は核膜に包まれた核を持たず、DNA は細胞質内にある。細胞内構造体の種類も少ない。細菌には大腸菌、乳酸菌、結核菌などが含まれる。

---

[25] 微生物の中でヒトの感染症の原因となるのは、ほんの一部にすぎない。多くの微生物はヒトに害を与えないどころか、腸内細菌、皮膚の常在菌のようにヒトの健康の保持に役立ち共生しているものも多い。また微生物のはたらきで作られる発酵食品もある。そして、微生物は物質循環に貢献しており、微生物なしに地球の生態系やその中のヒトの暮らしも成り立たない。病原微生物をテーマにする本書では、その側面は割愛せざるを得ない。マンガ『もやしもん』は微生物の大切さを感じられる名作であるので一読をお勧めする。

[26] コウボ（酵母）は「酵母菌」と表現されてしまっていることもあるので、細菌と間違われやすいが、キノコと同じ菌（真菌）である。

[27] 医療現場でも、細菌に対する対抗薬を「抗菌薬」と表現するが、実際は「抗細菌薬」の意味である。それに対し真菌性の疾患に対抗する薬は「抗真菌薬」と表記することで混同を避けている。

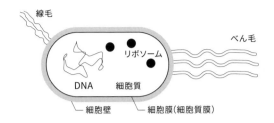

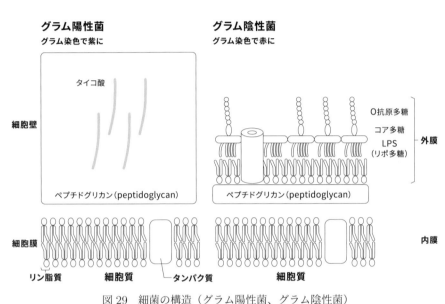

図 29　細菌の構造（グラム陽性菌、グラム陰性菌）

最後に、ウイルスは細胞構造を持たず、DNA や RNA が膜やタンパク質に包まれた単純な構造を持つ。アデノウイルス、インフルエンザウイルス、コロナウイルスなどが含まれる。「virus」とはラテン語で「毒」を示す言葉である（細菌より小さく、細菌は通ることができないろ過器も通過できるということで「ろ過性病原体」と呼んだ時期もあった）。細菌とウイルスの図が図 1 （☞ p. 3）にあるので確認してほしい。

正確な単語の違いと、「細菌」と「ウイルス」が病原微生物の 2 大グループであるということを踏まえて、まず細菌から説明しよう。

【29】　細菌の構造

細菌の構造は、図 29 のようである。細胞質の中に核膜に包まれない形で DNA が存在し、タンパク質合成装置であるリボソームも存在する。細胞膜とその外側には細胞壁がある。また運動のためのべん毛（flagellum）を持つ。その他、線毛や莢膜を持つ場合もある。細菌の分類には、ハンス・グラム（Hans Gram）が発明したグラム染色法（Gram stain method）による染め分けが用いられる。グラム染色法で紫色に染まる細菌をグラム陽性菌、赤色に染まる細菌をグラム陰性菌という。この差は細胞壁の構造が異なる（図 29）こ

とによる。グラム陽性菌の細胞壁は主成分の厚いペプチドグリカン層の中に一部タイコ酸が入った構造をしている。グラム陰性菌は薄いペプチドグリカン層の外に、外膜と呼ばれる細胞膜に類似した構造がある。外膜の外側はリポ多糖（LPS）、コア多糖、O抗原多糖で構成される[*28]。

　グラム染色ではまずペプチドグリカンをクリスタルバイオレット（Crystal violet）という紫色素で染色する。その後エタノールで処理し、最後のサフラニン（Safranin）という赤色素で染色する。グラム陽性菌は厚いペプチドグリカン層が紫染色され、エタノール処理でも壊されず、その後のサフラニンで赤染色しても基調の紫染色は変化しない。一方、グラム陰性菌では、外膜がエタノールで壊され、露出したペプチドグリカン層のクリスタルバイオレットが菌体外に流出し脱色される。その後、サフラニンにより赤染色されるため赤染色となる。これを見分けて分類する。

　細菌はグラム陽性菌、グラム陰性菌による分類の他、全体の形から球菌（coccus）、桿菌（かんきん）（bacillus）、らせん菌（spiral bacteria）に分類される。桿菌（かんきん）の桿（かん）とは棒状のことを示す。グラム陽性菌の桿菌の一部は高熱にも耐える芽胞（spore）という構造を作る有芽胞菌と、それを作らない無芽胞菌に分けられる。有芽胞菌に対しては食品消毒や医療機器消毒のときに特に注意が必要とされる。表10はこの分類で病原性の細菌を整理したものである。

【30】　細胞膜の構造

　グラム陽性菌、グラム陰性菌とも細胞膜は共通で、リン脂質の二重層の間にタンパク質が埋め込まれた構造になっている。実はこの細胞膜は真核生物（ヒト）のほか、新型コロナウイルスなど多くのウイルスが細胞から脱出するときに宿主細胞の細胞膜から奪い取った「エンベロープ」という膜でも共通するので、ここで説明しておきたい。

　リン脂質は「てるてる坊主」のような形をした分子である。この頭の部分はリン酸を含み親水性である。一方、足のように長い2本は脂肪酸という長い炭化水素鎖であり、疎水性である。細胞膜の内側に疎水性の脂肪酸、両外側にリン酸を含む親水性の部分を配置することで、細胞膜自身は疎水性の内側で水に溶けないようにする一方で、水を主成分とする細胞外や細胞内（細胞質）では親水性で、親水性リガンドやシグナル伝達に関与する分子を受け止めやすいようにしている。このように親水性と疎水性をあわせ持つ性質を両親媒性（amphipathicity）という。

　ところどころに埋め込まれたタンパク質には物質を輸送、通過させたり、受容体として物質を受け止めたりする役割がある。さらに外側に糖鎖を持っている場合があり、それぞれ細胞の特徴に関わる場合がある。たとえばABO式血液型は赤血球の細胞膜外側にある糖鎖の差であり、ヒト気道上皮細胞でインフルエンザウイルスが侵入する部分もシアル酸という糖鎖である（グラム陰性菌の場合、外膜が糖鎖を持つ）。

[*28] べん毛をもつ菌をシャーレで培養すると、培地上を同心円状に移動して広がり、ガラスに息をふきかけたときのような「くもり」（ドイツ語：Hauchbildung）が形成されるので、べん毛の抗原はH抗原と命名された。これに対し、O抗原多糖部分は移動に関与しないので、「くもりがない」（ドイツ語：ohne Hauchbildung）という意味でO抗原と命名された。多糖でできているのでO抗原多糖である。O抗原多糖には様々なタイプがあり番号がつけられている。腸管出血性大腸菌O157は、このタイプの番号による名前である。

	球菌 (coccus) ○	桿(かん)菌 (bacillus) ▭ ⬭	らせん菌 (spiral bacteria) 〜
グラム陽性菌	黄色ブドウ球菌 化膿連鎖球菌 肺炎球菌 腸球菌	有芽胞菌 炭疽(たんそ)菌　ボツリヌス菌 セレウス菌　　ガス壊疽菌群 破傷風菌　　（枯草菌） 無芽胞菌 結核菌　　　リステリア菌 らい菌　　　ジフテリア菌	
グラム陰性菌	淋菌 髄膜炎菌 ベイヨネラ	大腸菌　　　インフルエンザ菌 サルモネラ菌　緑膿菌 赤痢菌　　　レジオネラ菌 肺炎桿菌　　百日咳菌 コレラ菌　　バクテロイデス 腸炎ビブリオ	カンピロバクター ヘリコバクター 梅毒トレポネーマ 回帰熱ボレリア

表 10　細菌の分類

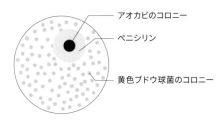

図 30　フレミングによるペニシリンの発見

【31】　フレミングによる抗生物質ペニシリンの発見

　1928 年、アレクサンダー・フレミングは細菌（黄色ブドウ球菌）の研究をしていた。研究の準備のため、細菌（黄色ブドウ球菌）の入った溶液を何回も希釈し、細菌数を低密度にした溶液をシャーレに薄く塗りつけ、一つ一つの細菌が重なり合わないようにシャーレの別々の場所に定着させた。やがて、それぞれの細菌が分裂を繰り返すことで、シャーレの上に点のように肉眼でも見えるコロニー（colony）となるはずであった。

　ところが、アオカビが混入し、一部に図 30 のようにアオカビのコロニーができてしまっていた。そしてアオカビのコロニーの周囲には細菌（黄色ブドウ球菌）が増殖できな

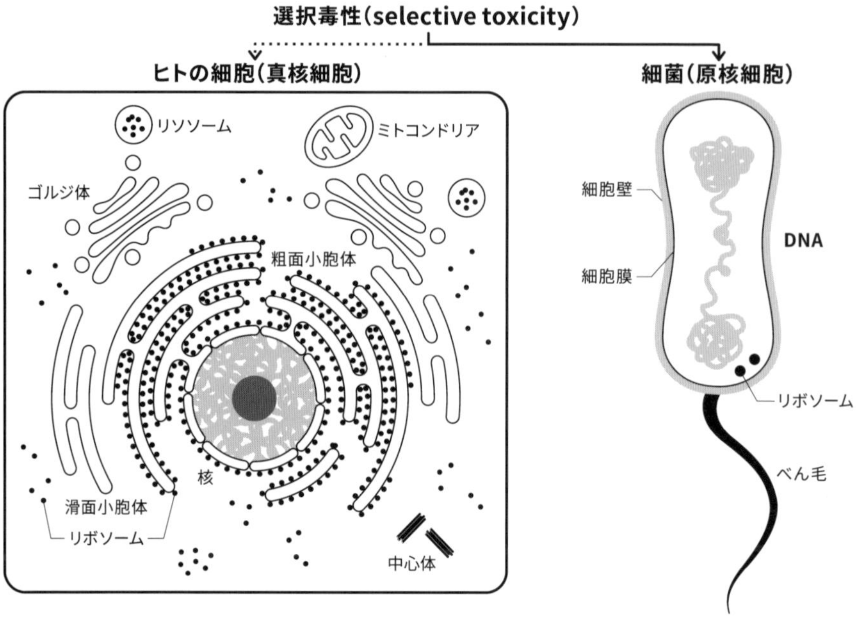

図 31　選択毒性（selective toxicity）

い部分が円状に存在していた。実験上このように目的外の生物や物質が侵入することはコンタミネーション（汚染、contamination）、通称「コンタミ」と呼ばれ、実験や検査が失敗する原因となる。遺伝子の研究や検査でも「コンタミ」を防ぐ努力が常になされていて、「コンタミを防ぐ」はキーワードである。ところが、研究の準備としては失敗だったこの出来事から、フレミングは、アオカビから他の細菌の増殖を防ぐ物質を発見し、アオカビ（penicillium）にちなんでペニシリン（penicillin）と命名した。ペニシリンのようにある種の菌類や細菌類が作り、他の細菌の増殖を抑える物質を抗生物質（antibiotics）という。

【32】　選択毒性

　抗生物質は、自然界の菌類や細菌類が作り出し、病原性細菌の増殖を抑えることができる物質である。その後、人工的にも病原性細菌の増殖を抑える薬が開発された。そこで抗生物質や人工的に合成された物質を含め、病原性細菌の増殖を抑える薬を抗菌薬（anti-bacterial drug）と総称する。薬の開発、投与においては重要な原則がある。細菌に対してだけでなくヒトの細胞に対しても強い毒性がある薬では、副作用により患者が苦しむことになる。したがって、抗菌薬の基本は、原核生物である細菌には有効だが、真核生物であるヒトの細胞には害を与えない（あるいはできるだけ害が少ない）ことである。つまり真核細胞（動物）と原核細胞の違いを見極めて、原核細胞にのみ毒性を発揮することが理想である。これを選択毒性（selective toxicity）といい、図 31 に示した。

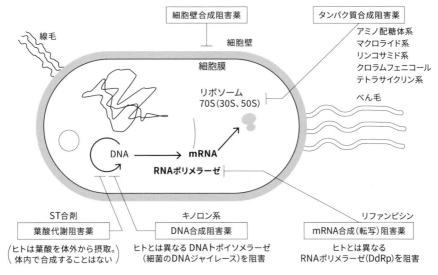

図 32　抗菌薬の標的

【33】　抗菌薬の種類と標的

　代表的な抗菌薬には、図 32 に示したように、細胞壁合成阻害薬、タンパク質合成阻害薬、mRNA 合成（転写）阻害薬、DNA 合成阻害薬、葉酸代謝阻害薬などがあり、それぞれ異なる標的を持つ。

【細胞壁合成阻害薬】細胞壁はヒト細胞にはなく、細菌にしかないため、選択毒性を示す。

【タンパク質合成阻害薬】ヒトでも細菌でもタンパク質合成装置はリボソームである。リボソームは図 33 に示したように大小二つの構造体（サブユニット）がくっついた「だるま」の形をしている。この大小二つの構造体が細菌（原核生物）とヒト（真核生物）とでは少し異なる。構造体の大きさを示す指標に、加速度に対する構造体沈降速度を示す沈降係数（単位 S）がある。細菌（原核生物）は大サブユニット 50 S、小サブユニット 30 S、あわせると 70 S である。一方、ヒト（真核生物）は大サブユニット 60 S、小サブユニット 40 S、あわせると 80 S である[29]。抗菌薬として用いられるタンパク質合成阻害薬は細菌のサブユニット（50 S、30 S）を阻害するが、ヒトのサブユニット（60 S、40 S）を阻害しにくい選択毒性を示す。

【mRNA 合成（転写）阻害薬】細菌とヒトの RNA ポリメラーゼ（DdRp）は構造が異なる。mRNA 合成（転写）阻害薬であるリファンピシンは細菌型の RNA ポリメラーゼを阻害する。

【DNA 合成阻害薬】DNA 複製の過程では二本鎖 DNA を切断し再結合することで

---

[29] 単純な足し算では 30 ＋ 50 ＝ 80、40 ＋ 60 ＝ 100 であるが、実際は合体した構造物の沈降係数は 70 S、80 S となる。沈降係数は合体した構造体の形などにも影響されるので単純な足し算とはならない。原核生物型を「七五三」（753）と覚え、真核生物型をそれぞれに 1 ずつ足したもの 864 と覚えるとよい。

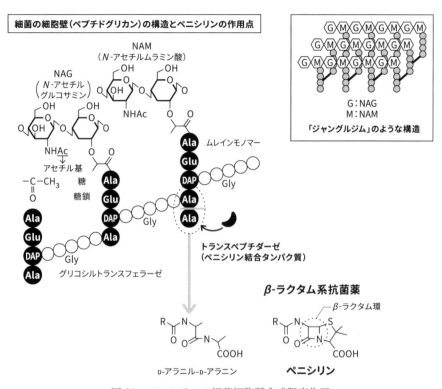

図 33　ペニシリンの細菌細胞壁合成阻害作用

DNA のねじれやからまりを解消する酵素である DNA トポイソメラーゼ（DNA topoisomerase）が必要である。細菌とヒトでは DNA トポイソメラーゼ構造が異なり、キノロン系の薬は、細菌型の DNA トポイソメラーゼ（DNA ジャイレース、DNA gyrase）を阻害する。

【葉酸代謝阻害薬】葉酸（folic acid）は、ビタミン B 群の一つであり、DNA の合成に必要である。ヒトはそれを食物から摂取しなければならないが、細菌は、細胞内で合成する酵素を持っている。したがってこの酵素を阻害する ST 合剤は細菌にのみ働く。

これらの選択毒性は完全ではない。投与にあたっては副作用への注意と、過剰投与による耐性菌の出現に留意しなければならない。

【34】　ペニシリンは細胞壁合成阻害薬

最初に発見された抗生物質で、今でも抗菌薬として改良型が使われているペニシリンについて、詳しく標的を見てみよう。ペニシリンは細菌の細胞壁に作用する細胞壁合成阻害薬である。まずは細菌の細胞壁ペプチドグリカン（peptidoglycan）の成り立ちから見てみる（グラム陽性菌とグラム陰性菌で若干違うが、グラム陰性菌で説明する）。

図 33 のように、NAG（N-アセチルグルコサミン）と NAM（N-アセチルムラミン酸）が横に交互に並んでいる。更に NAM から下向きに **Ala-Glu-DAP-Ala-Ala** と 5 個の

アミノ酸が連なる（DAP は細菌独特のアミノ酸）。その後、それぞれの先端にある Ala がとれ、4 個のアミノ酸が残る。最後に、隣りあう連なりの、上から 3 番目の DAP と 4 番目の Ala が、図 33 では手前から奥の方向に Gly 5 個で連結される。この連結を「架橋」という。つまり、細菌の細胞壁は左右、上下、奥行き方向がつながった「ジャングルジム」に似た立体構造をしている。この「ジャングルジム」を新しく合成する部位を図 33 の鎖の右端に示した。下向きの鎖の先端にある 2 個のアミノ酸 Ala-Ala（図 33 で点線の○で囲んだ部分）をトランスペプチダーゼ（transpeptidase）という酵素が認識し結合する。そして先端の Ala 1 個を切断し遊離させる。残された Ala と左隣の鎖の DAP の間が Gly 5 個の鎖で連結され架橋ができる。この繰り返しで「ジャングルジム」を増築していく。図 33 で、架橋が完成した左側では下向きのアミノ酸は 4 個つながりで、先端の Ala が遊離した後であること、そして、これから架橋を行う右側の鎖では下向きのアミノ酸は 5 個つながりであり、トランスペプチダーゼでの切断前であることを確認してほしい。

　ペニシリンの仲間の抗菌薬は β-ラクタム系抗菌薬と言われる。β-ラクタム系抗菌薬は β-ラクタム環（図 33 で点線で囲んだ化学式で正方形の部分）という構造を共通に持つ。この構造が薬の作用にとって最も重要である。

　では、β-ラクタム系抗菌薬はどのように働くのか？ Ala-Ala の構造式（正確には D-アラニル-D-アラニンという）と β-ラクタム環は非常に似ている。Ala-Ala 部分[30]に結合し架橋反応をすべきトランスペプチダーゼは、構造が似ている β-ラクタム系抗菌薬と結合してしまい、架橋形成ができなくなる。すると、その後の「ジャングルジム」の構造を作ることができなくなる。つまり、細菌は新たな細胞壁を合成できなくなる。古くなった細胞壁は自然に壊れていくので、新たな細胞壁を合成できないと細胞壁が薄くなっていく。すると最終的には細菌自らの細胞内圧を支えきれなくなって破裂し、死滅する。

　このトランスペプチダーゼのことを、生化学や分子生物学ではペニシリン結合タンパク質（PBP, penicillin-binding protein）とも呼ぶ。細菌側からするとペプチド結合（peptide bond）の一部を交換する（trans）という前者の名称のほうが実態を表している。しかし、ペニシリン結合タンパク質という名称のほうが、ペニシリンなど β-ラクタム系抗菌薬を作用させ、結合させることで細胞壁合成を阻害する薬であることが明確になり、医療で使うときにはわかりやすい。

7　ウイルス総論（分類、増殖法、遺伝子発現）

【35】　ウイルスの分類

　ウイルスは、遺伝子として働く DNA か RNA と、それを保護するタンパク質の殻であるカプシド（capsid）を持つ。DNA（RNA）とカプシドを合わせてヌクレオカプシド（nucleocapsid）と呼ぶ。さらにそれを包む脂質の膜であるエンベロープ（envelope）

---

[30] アミノ酸には、炭素原子の周りの 4 種類の原子や原子団（－H、－NH$_2$、－COOH、側鎖）の結合の位置によって光学的性質の違う L 型、D 型という光学異性体がある。ほとんどの生物は L 型アミノ酸をタンパク質の素材として使うが、細菌の細胞壁のペプチドグリカンには D 型アミノ酸が使われている。

を持つものも多い。またエンベロープからの突起タンパク質、RNAからの複製に関する酵素を持つものもある。ウイルスの分類でもっとも大切なのは、遺伝子としてDNAを持つDNAウイルスか、RNAを持つRNAウイルスかである。さらにDNAとRNAにも種類がある。通常では真核生物は、DNAは二本鎖（二重らせん）、それを転写して作られるmRNAは一本鎖である。ウイルスの遺伝子も二本鎖DNAと一本鎖RNAが多いが、一本鎖DNAや二本鎖RNAを持つものもある。それぞれのDNA、RNAでは塩基の組成が異なってくる。二本鎖を構成するときは、相補的な塩基対が形成されるのでAの数＝Tの数（DNAの場合）、Aの数＝Uの数（RNAの場合）、Gの数＝Cの数（DNA、RNAとも）となる。一方、一本鎖の場合は、ATGC、AUGCの数はバラバラである。したがって、各ウイルスのDNA、RNAの中でのA、T、G、C、Uの割合（％）を比較すると以下のようになる。

- 二本鎖DNAウイルス：Aの％＝Tの％、Gの％＝Cの％
- 一本鎖DNAウイルス：A、T、G、Cの割合（％）は、ばらつく
- 二本鎖RNAウイルス：Aの％＝Uの％、Gの％＝Cの％
- 一本鎖RNAウイルス：A、U、G、Cの割合（％）は、ばらつく

　真核生物のDNA、細胞質内のmRNAなどを調べると「二本鎖DNAウイルス」「一本鎖RNAウイルス」と同様となる。一本鎖RNAウイルスには＋鎖（プラスさ）と－鎖（マイナスさ）の区別がある。＋鎖（プラスさ）はリボソームにそのまま読まれて、タンパク質のアミノ酸配列に翻訳できる鎖であり、細胞に侵入後、すみやかに細胞のリボソームを乗っ取って、自らのウイルスタンパク質を合成させることができる。一方、－鎖（マイナスさ）の場合、まずそれを複製して＋鎖（プラスさ）にしてから、初めてリボソームで翻訳させることができる。

　＋鎖（プラスさ）の一本鎖RNAウイルスの中には逆転写酵素を持つものがある。真核生物や原核生物が通常行っているDNAからRNAへの転写（transcription）と逆に、RNAからDNAとすることを逆転写（reverse transcription）といい、それを促す酵素を逆転写酵素（RTase, reverse transcriptase）という。RNA一本鎖＋鎖ウイルスで逆転写酵素を持つグループをレトロウイルス（retrovirus）といい、自らのRNAを逆転写したDNAを宿主細胞の核に送り込み潜伏させる性質がある。レトロウイルスの代表例がHIV（ヒト免疫不全ウイルス）であり、後述する（【53】☞ p. 79）。

　表11は感染症の原因となるウイルスを、DNA、RNAの性質やエンベロープの有無で分類した表である。

　ウイルスはどの生物を宿主とするかで、動物ウイルス、植物ウイルス、バクテリオファージ（bacteriophage、細菌に寄生、phageは食べるという意味）に分類できる。本書では、ヒトの感染症の原因である病原微生物を中心とし、植物ウイルス、バクテリオファージは扱わないが、生物学的に興味深いものもある。例えば植物ウイルスの一種であるタバコモザイクウイルス（tabacco mosaic virus, TMV）は、らせん状に配列されたRNAとタンパク質の殻のみで構成された均整のとれた構造をしている[*31]。また大腸菌に寄生するT_2ファージという二本鎖DNAウイルスは、そもそも遺伝子の本体がDNAであることを確定する

[*31] ジェームス・ワトソン、フランシス・クリックによるにDNAの二重らせん構造解明の影には、ロザリンド・フランクリンが撮影した二重らせん構造を示す決定的な写真（X線回折像）と彼女の基礎研究があった。彼女は、DNA研究後、このタバコモザイクウイルスの研究にと

		エンベロープあり	エンベロープなし
RNA ウイルス	逆転写酵素あり	レトロ（HIV（AIDS））	
	一本鎖 ＋鎖	コロナ[SARS-CoV-2含む] トガ（風疹） フラビ（黄熱、日本脳炎、デング熱、C型肝炎）	カリシ[ノロ]（感染性胃腸炎） ピコルナ（手足口病、ポリオ）
	一本鎖 －鎖	オルソミクソ（インフルエンザ） パラミクソ（麻疹） リッサ（狂犬病） フィロ（エボラ出血熱）	
	二本鎖	セドレオ[ロタ]（感染性胃腸炎）	
DNA ウイルス	逆転写酵素あり	ヘパドナ（B型肝炎）	
	一本鎖	パルボ（伝染性紅斑）	
	二本鎖	ヘルペス（単純ヘルペス、水痘-帯状疱疹、サイトメガロ、EB） ポックス（天然痘）	アデノ（上気道炎） パピローマ（子宮頸癌） ポリオーマ（メルケル細胞癌）

分類はウイルスの科名とした。表では～ウイルスの表記は単に「～」と簡略化した。（　）内はそれが引き起こす疾病名である。（　）内に複数の疾病名が列記してある場合は、同じ科だが、それぞれに異なるウイルスによる疾病と考えてほしい。なお、科よりその下の分類名（属名）が一般化している場合は、[　]内に表記した。

表11　ウイルスの分類（『標準微生物学』[2] を参考に作成）

実験の材料として、重要な役割を果たしてきた。これら植物ウイルスやバクテリオファージの研究で得られ積み上げられてきた知見も、「病原微生物」であるウイルスを理解するための基礎となっている。

【36】　ウイルスの増殖方式（総論）

　ウイルスは細胞に侵入し、細胞のしくみを乗っ取って増殖し、細胞から脱出することを繰り返す。ウイルスの種類や状況によるが、一般的には細胞内に侵入した1個のウイルスは、およそ1000個のウイルスに増殖して放出されると言われている。ウイルスは、細菌のように単独で分裂し増殖することはできず、必ず宿主細胞への侵入と増殖した上での脱出を繰り返す。細胞に侵入したウイルスが増殖して細胞から脱出する過程は、一般の生物

りかかったが、その途中、卵巣がんで37歳で亡くなった。近年、彼女の役割が再評価され、アメリカでは彼女の名前を冠したロザリンド・フランクリン医科大学が設立された。今年（2020年）はロザリンド・フランクリン生誕100年である。

の「生殖」において子を産む過程とは異なる。しかし、細胞から脱出するウイルスは、侵入したウイルスが細胞で増殖させ生ませた「子」のようにも見えるので、「子ウイルス」と表現することもある。「子ウイルス」という表現は正式な用語ではないが、イメージがしやすいので本書では時折用いることにする。

　ウイルスが侵入する宿主細胞には動物細胞、植物細胞、細菌など様々あるが、本冊子ではヒト細胞に侵入し感染症を引き起こす「病原微生物」としてのウイルスに絞って説明するので、宿主細胞は、すべて真核生物の典型的な細胞構造を持っているヒト細胞である。本書では四つの代表的ウイルスを説明する。

1. アデノウイルス：DNA ウイルスでエンベロープを持たない。角結膜炎、上気道炎などを引き起こす。
2. インフルエンザウイルス：RNA ウイルス（−鎖 RNA）。エンベロープを持つ。
3. コロナウイルス：RNA ウイルス（＋鎖 RNA）。エンベロープを持つ。
4. HIV（ヒト免疫不全ウイルス）：RNA ウイルス（＋鎖 RNA）。逆転写酵素を持つレトロウイルス。

　コロナウイルスは 2020 年の緊急事態宣言以降、国民の生活を大きく変え、本書執筆の一番の動機となったものだが、これに加え、他に三つの代表的なウイルスの説明で、感染症に関わる主要なウイルスの基本パターンを理解できるだろう。さらに他のウイルスにも関心のある読者は、本書で基本を理解した上で医学やウイルス学の専門書に挑戦してみてほしい。

　まず、四つのウイルスに共通する特徴、また異なった点を見ていこう。「総論」であるこの文章を読んでもすぐには理解できなくとも、四つのウイルスでそれぞれの過程を学んでいくと、しだいに「慣れて」理解できるので、まずはざっと読んでほしい。

① 吸着（absorption）
　　細胞への侵入前、細胞から脱出後で、カプシドやエンベロープを持っている状態のウイルスは、細胞内に侵入したときと区別して「ウイルス粒子」という。まず、「ウイルス粒子」の表面突起タンパク質が、ヒト細胞のウイルス受容体（virus receptor）に結合する。ウイルス受容体はウイルスの種類ごとに異なる[32]。

② 侵入（penetration）
　　ウイルスによって若干の違いがある。アデノウイルス、インフルエンザウイルス、コロナウイルスは、ウイルス粒子を外側から包み込むようなエンベロープという膜構造が細胞膜から作られる。HIV の場合は最初からエンベロープと細胞膜が融合し、RNA を包んだ殻であるカプシドが細胞内に侵入する。

③ 脱殻（uncoating）
　　エンベロープやカプシドを脱ぎ、DNA あるいは RNA が細胞質に放出されることを脱殻という。インフルエンザウイルスとコロナウイルスは侵入後しばらくして、エンベロープとエンドソームの膜が融合して放出される。アデノウイルスも侵入後、しば

---

[32] 細胞側の「ウイルス受容体」は、本来、ウイルス侵入を歓迎して出迎えるためにヒト細胞が用意したものではない。ヒト細胞が必要とする他の生理的な目的に使っている構造である。それを、ウイルスが狙って吸着に利用しているのである。したがって、ウイルス受容体という表現は、ヒト細胞側にとってうれしくない呼び方かもしれない。

らくして、エンドソームが壊され、続いて DNA を保護していたタンパク質の殻カプシドも壊され放出される。HIV の場合はエンベロープは侵入時点で細胞膜に融合し消失し、その後カプシドが破壊され放出される。脱殻が起きると、それ以降は電子顕微鏡でも見えにくくなる。再び細胞から増殖したウイルスが脱出するまでウイルスの動きが見えないので、この時期は暗黒期（eclipse period）と呼ばれるが、ヒトから見えにくい暗黒期にこそ、ウイルスは細胞のしくみを乗っ取り、大増殖への準備を進めている。

④ ウイルスタンパク質の合成

ウイルスはその構造内にタンパク質を持っている。エンベロープに埋め込む突起のようなスパイクというタンパク質、DNA や RNA を包むカプシドというタンパク質の殻、一部のウイルスが持つある種の酵素（逆転写酵素など）などは、1 回前に侵入したヒト細胞の細胞質のリボソームを乗っ取って作らせたものである。ウイルスが細胞に侵入して、最初に発現する遺伝子によって作らせるタンパク質を「初期タンパク質」、後半に発現する遺伝子によって作らせるタンパク質を「後期タンパク質」と区別することがある。「初期タンパク質」は、ウイルスが増殖するために細胞内で様々な働きをする「裏方で働くタンパク質」であり、細胞から脱出していく「子ウイルス」には受け継がれない「非構造タンパク質」であることが多い。一方、「後期タンパク質」は、細胞から脱出していく「子ウイルス」の中に持ち込まれ、その構造の一部となる「構造タンパク質」であることが多い。「初期タンパク質」「後期タンパク質」の区分がはっきりしない増殖方法のウイルスもあれば、「初期タンパク質」の中にも一部「構造タンパク質」が、「後期タンパク質」の中にも「非構造タンパク質」が含まれるウイルスもある。しかし、ウイルスの遺伝子発現（タンパク質合成）の時期と、ウイルス粒子の中に受け継がれる「構造タンパク質」と受け継がれない「非構造タンパク質」に関しては、「初期タンパク質（初期遺伝子発現）≒非構造タンパク質」「後期タンパク質（後期遺伝子発現）≒構造タンパク質」という傾向が強い。

エンベロープに埋め込む表面突起タンパク質などは「後期タンパク質（構造タンパク質）」の典型例で、リボソームで合成後、小胞体→ゴルジ体、あるいは小胞体→ゴルジ体→細胞膜などのように輸送される。またそのまま細胞質にとどまり、カプシドやエンベロープに包み込まれるように待機する「構造タンパク質」もある。

⑤ ウイルス DNA、RNA の複製（replication）

DNA ウイルスの場合、DNA を mRNA に転写して「初期タンパク質」を発現させるためには、まず、核内にある DNA 依存性 RNA ポリメラーゼを使って転写をしなければならない。したがって、アデノウイルスなど DNA ウイルスは自らの DNA を核に送り込む。RNA ウイルスの場合、RNA → RNA の複製に必要な RNA 依存性 RNA ポリメラーゼをヒト細胞は持っていないので、ウイルスが自らの初期タンパク質としてリボソームに合成させるか、自らウイルス粒子の中に保持して持ち込むしかない。RNA → RNA の複製を行う場はウイルスによって異なり、細胞質内の場合と核内の場合がある。コロナウイルスの RNA は核には侵入せず、細胞質内だけで複製される。一方、インフルエンザウイルスの RNA はスプライシングの機能を使うため、RNA 依存性 RNA ポリメラーゼと共に核に侵入後、複製される。

レトロウイルスである HIV は RNA から DNA を合成させ、ヒトの核内に移行させ、ヒトの核内 DNA に組み込み潜伏する。その後、通常のヒト細胞の DNA → RNA →タンパク質の転写、翻訳の流れにのる。

⑥　組み立て（assembly）
　　DNA、RNA と構造タンパク質を組み立てる。このとき、インフルエンザウイルスのような分節 RNA の場合、分節 RNA の混合による非連続変異がおこりうる（【41】☞ p. 64）。

⑦　脱出
　　細胞から脱出する。このとき、細胞膜やゴルジ体膜に突起タンパク質を配置し、その膜ごと DNA やそれを包んだカプシドが奪いとって脱出する。うれしくない例えであるが、泥棒が部屋の中に侵入して、勝手に冷蔵庫の食料などを食べて裸同然の軽装で暮らした上で、その家から脱出するときには、部屋にあったきれいな服（もともとその家の人のもの）をまとって脱出するようなものである。つまりウイルスのエンベロープは、すべて一回前に侵入した細胞の細胞膜やゴルジ体膜を奪いとったものである。ヒトに感染するウイルスのエンベロープが、基本的にすべてヒト由来であるからこそ、次のヒト細胞に侵入したとき、ウイルスは、その細胞膜と融合しやすい。

【37】　どの時期をウイルスの主要な時期とみなすか？

　　ウイルスの構造は、細胞外での構造、つまりウイルス粒子で描かれる。本書の冒頭の図 1（☞ p. 3）でもそうである。ウイルス粒子は、細胞に侵入しない限り、単なる粒子であり、単独で二つに分裂する増殖はできないし、外の世界との物質のやりとりやエネルギー産生（代謝）もしない。したがって通常「生物」とはみなされない。またエンベロープを持つものは、石けんなど界面活性剤で容易に壊される弱い存在である。

　　しかし、ひとたび細胞に侵入し、細胞に溶け込んでしまった暗黒期には、活発に DNA や RNA を複製させ、自らのタンパク質を作らせ、最後に組み立てをするというように、「生物」に相当する増殖や代謝の活動をしている。

　　細胞外にあるときのウイルス粒子では「生物」の特徴は出さず、細胞内に溶け込むと「生物」の特徴を発揮する。したがってどちらを主要な時期とみなすかで見方も変わってくる。ウイルス粒子を主要な時期とみなすと、生物ではない粒子が、ほんの一時期細胞に侵入したときのみ、一時的に生物のようにふるまっていることになる。つまり普段は「非生物」である。逆に細胞内の時期を主要な時期とみなし、細胞外を次の細胞に侵入するための休眠の時期とみなすと、基本的に「生物」であるウイルスが、一時期「ウイルス粒子」として休眠していることになる。

　　植物の個体についても同じような見方ができるかもしれない。普通ヒマワリというと美しく咲いて立ち上がっている、あるいはその時期を目指して成長している時期をイメージする。「ヒマワリの種子」は一時的に休眠している「つなぎ」の時期で、ヒマワリは成長、光合成、開花をする生物とみなすことができる。しかし、「ヒマワリの種子」こそがヒマワリの主要な時期であって、成長、光合成、開花の時期は次の種子を作るための「つなぎ」ではないかとみなすことも不可能ではない。若干こじ付けに感じるかもしれないが、二つの時期を繰り返す生物やウイルスの場合、そのどちらもがその生物やウイルスにとって大切で不可欠な時期であるが、どちらを中心に見るかで見え方も変わってくる。

8 ウイルス各論1（アデノウイルス）

【38】 アデノウイルスの増殖と遺伝子発現の過程

　アデノウイルス（adenovirus）は角結膜炎、上気道炎などを引き起こす。DNA を正二十面体のタンパク質でできたカプシドがおおい、各頂点からファイバー（fiber）というタンパク質のひげが伸びている構造を持っている。エンベロープ（細胞脱出時の細胞膜由来の脂質膜）は持たない。アデノウイルス増殖と遺伝子発現の過程を図 34 に示した。

① 吸着、侵入

　　細胞表面のシアル酸などウイルス受容体（virus receptor）にファイバー先端が結合し、それが引き金となって、細胞膜がくびれて内側に分離したエンドソーム（endosome）という構造に取り込まれた形で細胞内に侵入する。

② 輸送

　　細胞内には、物質輸送や構造維持に関わる「細胞骨格」がある。アデノウイルスはエンドソームから細胞質に出た後、細胞骨格の一種である微小管という細長いタンパク質のレールにそって核膜近くまで輸送される。

③ 脱殻、核内移行

　　核膜孔近くで正二十面体のカプシドが分解され、アデノウイルス DNA が核内に移行する。

④ 転写、スプライシング

　　侵入したアデノウイルス DNA が、核内の DNA 依存性 RNA ポリメラーゼを乗っ取って、mRNA 前駆体を作らせ、プロセシングを経て、mRNA となる。つまりアデノウイルス DNA はヒト細胞の核でスプライシングされることを前提にした遺伝子を持っている。この mRNA が核膜孔から細胞質に移動する。

⑤ 初期タンパク質（非構造タンパク質）の合成

　　④でできた mRNA をヒト細胞のリボソームに読ませ、初期タンパク質を合成させる。この初期タンパク質の一部は細胞質にとどまり細胞をウイルスの増殖に適切な生理状態に保つ働きをする。

⑥ 初期タンパク質の一部の核内への移行

　　初期タンパク質の一部は核膜孔を通じて核内に移行する。核内に移行して働くタンパク質には DNA 依存性 DNA ポリメラーゼがある（宿主のヒト細胞核にもヒト自身の DNA 依存性 DNA ポリメラーゼがあるが、それだけでは不十分である）。

⑦ DNA の複製

　　⑥で核内に移行してきた DNA 依存性 DNA ポリメラーゼを使い、ウイルス DNA が複製される。

⑧ 選択的スプライシング

　　複製されたウイルス DNA から mRNA が転写され、選択的スプライシングにより様々な mRNA ができ核膜孔を経て細胞質に移動する。

⑨ 後期タンパク質（構造タンパク質）の合成

　　⑧の様々な mRNA をもとにリボソームにて、カプシドの原料タンパク質、ファイバーなどの構造タンパク質が作られる。

カプシド（タンパク質）

DNA

ファイバー（タンパク質）

二本鎖 DNA ウイルス　アデノウイルス（adenovirus）の増殖

細胞膜

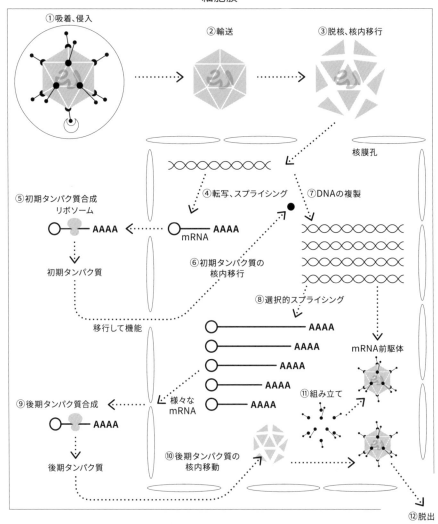

①吸着、侵入

②輸送

③脱核、核内移行

核膜孔

④転写、スプライシング

⑦DNAの複製

⑤初期タンパク質合成
リボソーム

mRNA AAAA

AAAA

初期タンパク質

⑥初期タンパク質の
核内移行

移行して機能

⑧選択的スプライシング

AAAA

AAAA

AAAA

AAAA

AAAA

mRNA前駆体

⑨後期タンパク質合成

様々な
mRNA

⑪組み立て

AAAA

後期タンパク質

⑩後期タンパク質の
核内移動

⑫脱出

図 34　アデノウイルス（DNA ウイルス）の増殖と遺伝子発現

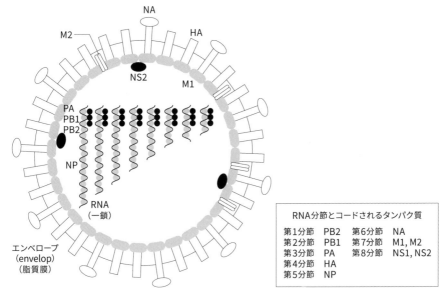

RNA分節とコードされるタンパク質			
第1分節	PB2	第6分節	NA
第2分節	PB1	第7分節	M1, M2
第3分節	PA	第8分節	NS1, NS2
第4分節	HA		
第5分節	NP		

図 35　インフルエンザウイルス（A 型）の構造

⑩　後期タンパク質の核内への移行
⑪　組み立て
　　核内で DNA と構造タンパク質、カプシド、ファイバーが合体して組み立てられる。
⑫　脱出
　　組み立てられた子ウイルスは、核外、細胞外に脱出する。
　二本鎖 DNA ウイルスの DNA 複製はヒトの核内で行われる。ヒトの核内にはヒト
DNA 二本鎖に関し、一方の鎖に塩基の損傷や間違った塩基の結合などが起きたとき、も
う一方の鎖に残る正しい塩基配列から相補的な塩基を持つヌクレオチドに直す機能を持つ
酵素（DNA 修復酵素）がある。このしくみによって DNA の変異の頻度を少なくしてい
る。ウイルス DNA もこの働きによって、塩基の変異は修復されやすい。よって DNA ウ
イルスの遺伝子変異は起こりにくいので、それに対する医療的対処もしやすい（一本鎖で
複製後すみやかに分離してしまう一本鎖 RNA ウイルスでは、この機能が働かず変異の頻
度は高く医療的対処がより難しい）。

9　ウイルス各論 2（インフルエンザウイルス）

【39】　インフルエンザウイルスの構造と遺伝子

　ヒトに感染するインフルエンザウイルスには A 型、B 型、C 型がある。毎年変異を繰
り返し、毎冬流行を繰り返しているタイプは A 型なので、以下 A 型を中心に説明する。
　図 35 にあるように、A 型インフルエンザウイルスは、分節型の－鎖 RNA を持ち、エン
ベロープに包まれた RNA ウイルスである。分節型とは、インフルエンザウイルスの RNA
が 8 本に分割されていることをいう（ほとんどのウイルスの DNA、RNA は 1 本につな

がっている。1本につながっている RNA ウイルスは「非分節型」という)。8 分節にわかれ
た8本の RNA はそれぞれ1本鎖で、らせん状となっている。各分節の RNA には全体に
NP（nucleoprotein、核タンパク質）が結合し、また端に PB2、PB1、PA という三つのタ
ンパク質（図 35 の「●」）が結合した RNP 構造となっている。RNP（ribonucleoprotein
complex、リボ核タンパク質）とは、RNA とタンパク質が結合した分子である。生物内
で重要な働きを担っている構造や分子にも RNP は多く、タンパク質読み取り装置である
リボソームも rRNA（リボソーム RNA）とタンパク質の複合体の RNP である。インフ
ルエンザウイルス RNA の各分節の端に結合する三つのタンパク質は、PB2（polymerase
basic protein 2）、PB1（polymerase basic protein 1）、PA（polymerase acid protein）
といい、塩基性（basic）が強いか酸性（acid）が強いかで命名されている。これらのタン
パク質は複合体となり、RNA 依存性 RNA ポリメラーゼとして働く。さて、インフルエ
ンザウイルスの RNA は－鎖 RNA なので、1回複製して＋鎖 RNA にしないとリボソー
ムに読ませることはできない。真核生物であるヒト細胞は、RNA 依存性 RNA ポリメ
ラーゼを持たないため、ウイルス粒子の中に組み込んでウイルス RNA と一緒に持ち込む
しかない。したがって RNA に付着する形で保持されている。RNA 分節は図 35 ではわか
りやすいよう8分節を長い線状に描いているが、実は両端同士は接近してつながる「パン
ハンドル構造」をしている。柄が短く傘が大きいキノコの輪郭を一筆書きで描いたとき、
一本鎖の両端が柄の部分で接近しているような形である。エンベロープの内側はタンパク
質 M1 がぴっちりと裏打ちし、その内側に NS2 がところどころにある。エンベロープ部
分には、表面から内側まで貫通する M2（matrix protein 2）がある。そして、表面から
突起状に突き出る HA（hemagglutinin、ヘマグルチニン）、NA（neuraminidase、ノイ
ラミニダーゼ）という二種類のタンパク質がある。細胞には HA で侵入し、NA を使って
脱出する[33]。

　各分節から発現するタンパク質は次の通りである。

　　第1分節：PB2　　第2分節：PB1　　第3分節：PA
　　第4分節：HA　　第5分節：NP　　第6分節：NA
　　第7分節：M1、M2　　第8分節：NS1、NS2

この遺伝子が指定するタンパク質のうち NS1 以外はすべてインフルエンザウイルスの
構造の中にある。つまりインフルエンザウイルスが持つこれらの構造は、1回前に感染し
た細胞に後期タンパク質として作らせた構造タンパク質である。そして、インフルエンザ
ウイルスが細胞侵入後作らせる構造は、細胞外に脱出する「子ウイルス」のための構造で
ある。NS1、NS2 は非構造タンパク質（nonstructural protein）と命名され、ウイルス
増殖過程に使うだけの「裏方タンパク質」で子ウイルスには受け継がれないと考えられて
きた。NS1 ではそうであったが、NS2 については少しだけ持ち込まれているようである。
ただ、これが持ち込まれた次の細胞内でどう働くのかはわかっていない。

【40】　インフルエンザウイルスの増殖と遺伝子発現の過程

　インフルエンザウイルスの増殖と遺伝子発現の過程を図 36 に示した。

---

[33] 私は、受験生には、① HA で侵入し、⑨ NA で脱出するので、（ウイルスが細胞に侵入後、細
　胞から)「離（HA → NA）れる」と覚えるように勧めている。

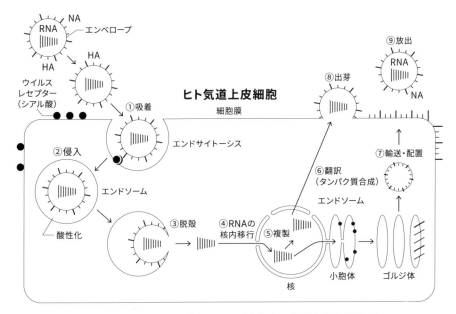

図 36　インフルエンザウイルス（A 型）の増殖と遺伝子発現

① 吸着

表面突起の糖タンパク質 HA を、ヒト気道上皮細胞のウイルス受容体「シアル酸」に結合させ吸着する。

② 侵入

細胞が細胞膜をくびらせて、ウイルス粒子を取り込む。これをエンドサイトーシス（endocytosis）という。"endo" は「中へ」、"cyto" は「細胞」を示すギリシャ語由来の英語で、endocytosis は細胞の中に取り込むこと、反対語のエキソサイトーシス（exocytosis）は細胞外に放出することを示す。エンドサイトーシスが完了すると細胞質内に完全に取り込まれた膜構造であるエンドソーム（endosome）となる。したがって、侵入直後のウイルスは見かけ上、二重の膜（内側がウイルスのエンベロープ、外側が細胞膜由来のエンドソーム）を持つ形態になる。

③ 脱殻

エンドソーム内はエンドソームの膜にあるプロトンポンプ（水素イオン H^+ を内部に輸送するポンプ）の働きで酸性環境となっている。その酸性環境の中で、HA が二つに分断され、根元部分の先端にあるペプチド（アミノ酸の並び）がエンドソーム膜とウイルスのエンベロープの融合を引き起こす。HA が二つに分断され膜融合活性を持つことを「開裂活性化」といい、後述する（【45】☞ p. 69）。また、エンドソーム内の酸性環境を作っている H^+ をウイルスのエンベロープ膜を貫通する M2 チャネルが取り込み、それがエンベロープを裏打ちする M1 タンパク質を崩壊させ脆弱にする。これらにより、エンドソーム膜とウイルスのエンベロープが一部で融合、ウイルス粒子が崩壊し、ウイルス RNA が細胞質に放出される。

④ RNA の核内移行

RNA は核内に移行する。RNA とともにウイルスに含まれていたタンパク質も移行する。

⑤ 複製

RNA とともに核内に移行したタンパク質の中の RNA 依存性 RNA ポリメラーゼ（PB2-PB1-PA 複合体）により、インフルエンザゲノムとして持ち込まれた−鎖RNA は＋鎖 RNA に複製される。そして RNA の一部（第 7、第 8 分節）は選択的スプライシングされながら 2 種のタンパク質を合成する。コロナウイルスでは細胞質内のみで RNA 複製が行われ核内に RNA は移行しないが、インフルエンザウイルスでは核内移行するのは、ヒト細胞の核が持つスプライシング機能を活用するためでもある。

⑥ 翻訳（タンパク質合成）

−鎖 RNA から複製された＋鎖 RNA は、そのままであるいは一部スプライシングされながら mRNA となり、細胞質に移動し、リボソームでタンパク質が作られる。インフルエンザウイルスの場合、作られたタンパク質のほとんどは構造タンパク質として子ウイルスの材料となるため、初期タンパク質と後期タンパク質の区別はあまりない。

⑦ 輸送、配置（エンベロープタンパク質の輸送と細胞膜への配置）

特にエンベロープに埋め込まれる HA、NA、M2 などのタンパク質は、リボソームで合成されたのち、そのままリボソームが付着した小胞体の膜に移行し、ゴルジ体の膜を経て細胞膜に配置される。

⑧ 出芽

核で複製された−鎖 RNA（−鎖→＋鎖 RNA →−鎖 RNA と 2 度、あるいは繰り返しで偶数回複製してできる）には、リボソームで合成された NP、PB2、PB1、PA が結合し RNP となり、核の外側に輸送される。裏打ちタンパク質 M1 や NS2 も含めて組み立てられ、細胞外に脱出するように出芽する。

⑨ 放出

放出の際、最後に NA でシアル酸との結合を切断し「子ウイルス」が放出される。

　ちなみに、インフルエンザ HA ワクチンは HA に対する免疫を誘発し、細胞への吸着と侵入（①②）を阻止するはたらきがある。一方、オセルタミビル（タミフル）やザナミビル（リレンザ）などの抗インフルエンザ薬は、インフルエンザウイルスが細胞に侵入した後、NA の働きを阻止することでウイルスが細胞外に脱出することを妨げる。これによってそれ以上の増殖を抑制し、ヒトの免疫系による治癒を支援する。新型コロナウイルスに対する対抗薬の候補にあがっているファビピラビル（アビガン）は、もともとは、RNA複製を防ぐことでインフルエンザウイルスの増殖を抑制するインフルエンザ治療薬として開発されたものである。

【41】　不連続変異と連続変異

　インフルエンザウイルスは、数十年に 1 回程度、HA や NA のタイプが変化し世界的大流行（パンデミック、pandemic）を引き起こすことがある。この変異を不連続変異（大変異、抗原シフト、antigenic shift）という。20 世紀中には、3 回のパンデミックが起きた。

1918 年に世界の死亡者推計 2000 万〜4000 万人と言われるスペイン風邪（the Spanish Flu）、1957 年に死亡者推計 200 万人のアジア風邪、1968 年に死亡者推計 100 万人の香港風邪が発生した。スペイン風邪は「H1N1 型」、アジア風邪は「H2N2 型」、香港風邪は「H3N2 型」である。これらの経験と 2003 年の SARS（【46】☞ p. 70）の経験、またインフルエンザウイルスに対する知見の蓄積を経て、WHO も各国政府も、新型インフルエンザに備える体制を整備した。そして、2009 年に「パンデミック H1N1 2009」が起きた。死亡者は約 30 万人と推計されている。一方、インフルエンザウイルスは不連続変異（大変異）を起こさなくても、翌冬の流行期には、前年とは少し変異をした遺伝子を持つウイルスになる。インフルエンザウイルスの遺伝子は一本鎖 RNA であり、二本鎖 DNA のように DNA 修復酵素による修復がなされないので、塩基配列の変異につながりやすい。こうして、流行期である冬の間にヒトからヒトへと感染を繰り返していくうちに RNA の変異が積み重なる。HA や NA のタイプまでは変わらないが、RNA の塩基配列やそれが指定するタンパク質のアミノ酸配列は変異していく。HA や NA のタイプまでは変わらない毎年ごとの変異を、連続変異（小変異、抗原ドリフト、antigenic drift）という。このように、毎年少しずつ連続変異しながら流行を繰り返すインフルエンザを季節性インフルエンザという。今、連続変異と流行を繰り返している A 型インフルエンザウイルスは、弱毒化した H1N1 型と H3N2 型である。HA ワクチンはその冬の流行を予測した H1N1、H3N2、B 型の HA を抗原とする抗体の合成を誘発させる。しかし、変異のほうが大きかった場合、感染を防ぐことができない場合もある（ただその場合でも感染し発症した場合の重症化を防ぐ効果はある）。

【42】　遺伝子再集合による不連続変異

　20 世紀からヒト社会でパンデミックを引き起こした HA と NA の主なタイプは「H1N1 型」「H3N2 型」「H2N2 型」の三つであったが、他の HA や NA のタイプはないのだろうか？　インフルエンザウイルスはカモには疾病を引き起こすことなくカモの腸管で平和的に共生し、カモの腸管とカモの住む池や沼の水の間を循環している。ウイルスと共存している宿主をそのウイルスの自然宿主という。インフルエンザウイルスの自然宿主はカモである。カモにはインフルエンザウイルスが HA に 1 から 16 までの 16 種類、NA に 1 から 9 までの 9 種類ある。理論的には 16 × 9 ＝ 144 種類の多様性がありうる。カモがヒトも含む哺乳類や鳥類に感染するインフルエンザウイルスの供給源となっている。カモからヒトに直接感染するわけではないし、短期間では生物種を越えて感染が広がることは簡単ではない。しかし、何世代も経た中長期で考えると、図 37 に示したように同じ脊椎動物である哺乳類と鳥類には種を越えた感染とその種それぞれの中での定着や変異が起こりうる。カモから鶏や豚に感染したウイルスが、やがてヒトからヒトへの感染能力を持つインフルエンザウイルスになることはありうる。

　カモから鶏や豚に感染したウイルスが、やがてヒトからヒトへの感染能力を持つインフルエンザウイルスになることはありうる。特に豚の細胞に豚や鳥やヒトのウイルスが同時に感染すると、その細胞の中で、8 本の RNA 分節が、自由な組み合わせで混じったウイルスが出現しうる。このように、分節型 RNA ウイルスなどで一つの細胞に複数のタイプのウイルスが感染し、新しい組み合わせの分節を持つウイルスが出現することを遺伝子再

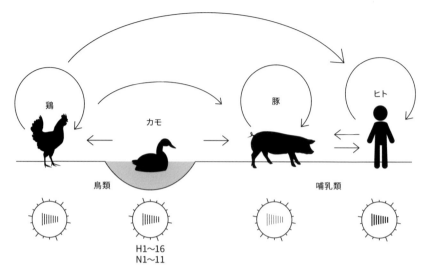

図 37　インフルエンザウイルス（A 型）の宿主間移行

集合（gene reassortment）といい、不連続変異を引き起こす原因の一つとなる[34]。例えばインフルエンザウイルスの RNA では、第 4 分節が HA、第 6 分節が NA であり、ここの組み合わせが変われば、HA や NA のタイプが変化することになる。第 4 分節や第 6 分節が変わらず HA や NA のタイプが同じでも、他の分節の遺伝子が変化して不連続変異となる場合もある。過去のパンデミックを引き起こしたインフルエンザウイルスの中には、その出現経過が解明されているものもある。例えば 2009 年の「パンデミック H1N1 2009」を引き起こした新型インフルエンザは図 38 に示すような出現経過であったとされている。

1. まず、スペイン風邪（H1N1 型）由来の RNA を保持した豚インフルエンザウイルス、鳥インフルエンザウイルス、およびヒトのインフルエンザウイルス（H3N2 型）が、豚に同時感染する。
2. さらにその豚に別の豚インフルエンザウイルスが感染する。
3. もう一度再集合が起きたインフルエンザウイルスがヒトに感染し、ヒト社会で広がる。
　遺伝子再集合の過程で、第 4 分節（HA）と第 6 分節（NA）は H1N1 型である豚のものを引き継いだので新型インフルエンザウイルスは H1N1 型となった。

【43】　人獣共通感染症

　ヒトとヒト以外の脊椎動物（特に近縁の哺乳類、鳥類）が共通に感染する感染症を人獣共通感染症（zoonosis）という。動物由来感染症と呼ぶこともある。たとえば、ネズミにも感染し、ネズミを介してヒト社会に広がり、14 世紀にヨーロッパでパンデミック「黒死

---

[34] カードゲームで例えると、トランプゲーム、UNO、百人一首で遊んでいた三つのグループのカードがまじりあい、「ダイヤの 9、赤の 4、小野小町」の組み合わせカードができてしまうようなものである。

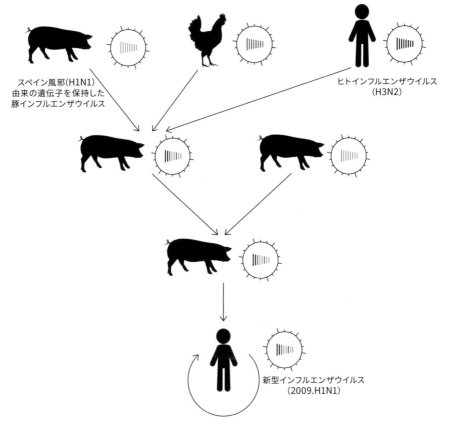

図 38　2009 年の新型インフルエンザウイルスの出現過程

病」を引き起こしたペスト菌感染症もその一種である。ヒトとヒト以外の脊椎動物に共通に感染し、感染症を引き起こすウイルスとしては、狂犬病ウイルス、（ヒトへの感染性を獲得した）鳥インフルエンザウイルスなどがあげられる。しかし、見方を変えて、過去にヒトと他の脊椎動物間で種を越えた感染を起こし、変異を重ねヒト社会に定着したウイルスと考えると、パンデミックを引き起こすウイルスのほとんど（特に RNA ウイルス）は他の脊椎動物に由来している。新型コロナウイルスはおそらくコウモリかセンザンコウ、HIV はチンパンジーに由来する。もともとは野生動物の領域であった場所に、ヒトが踏み込んでいることが原因の背景にあるだろう。人獣共通感染症に関しては、獣医学と医学が協力して研究し対策を行っており、少なからぬウイルス研究者が、獣医師あるいは獣医学部に所属している。近年、特に、同じ哺乳類であるコウモリは、ヒトの生活圏に近い場所に生育し、移動能力も高く、パンデミックを引き起こすウイルスの宿主として注目されている。

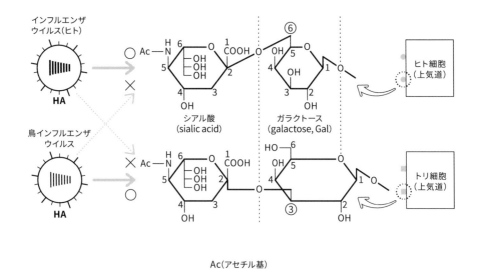

図 39　ヒトの細胞と鳥の細胞のウイルスレセプター

【44】　種の壁

　中長期的に見ると、ウイルスは種を越えて感染することがある。しかし短期的には、種を越えての感染はなかなか起きない。たとえば、インフルエンザウイルス（ヒト）と鶏の世界にある鳥インフルエンザウイルスは、ともにカモのインフルエンザウイルスを起源に持つとはいえ、別のウイルスである。通常は、インフルエンザウイルス（ヒト）は、ヒトには感染するが鶏には感染しない。逆に鳥インフルエンザウイルスは鶏には感染するがヒトには感染しない。それは図 39 に示すようなウイルス受容体の違いによる。ヒトの気道上皮細胞も鳥の細胞もウイルス受容体の先端はシアル酸とガラクトースが並んだ構造をしている。ウイルス受容体のヒト型と鳥型で異なる点は、シアル酸がガラクトースの炭素の5 と結合しているか 3 と結合しているかの違いだけである。この違いだけで相互に感染しなくなる。ウイルス受容体は「形」が重要なのである。それぞれの種ごとに感染するウイルスが異なり、種を越えた感染は起こりにくい。これを「種の壁」という。

　それでも、鳥インフルエンザウイルスが、ときどきヒトに感染することがある。大量の鶏を相手にするアジアの養鶏農家などで起きやすい。原因としては、高濃度曝露が感染を引き起こすという側面と、ヒトの肺の細胞に鳥型の受容体が少し発現している細胞があり、深く吸い込んだとき、そこにウイルスが到達することが考えられている。将来的にパンデミックとなりうる新型インフルエンザウイルスの候補として、鳥インフルエンザウイルスがヒトへ感染し、その後、ヒトからヒトへの感染能力を持つように変異していく場合が、危惧されていたが、2020 年 9 月時点では、まだそのような深刻な鳥インフルエンザウイルスからのパンデミックは新規に発生していない（その前に新型コロナウイルスでパ

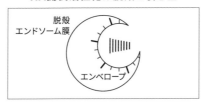

HA開裂活性化は脱殻の引き金

脱殻
エンドソーム膜

エンベロープ

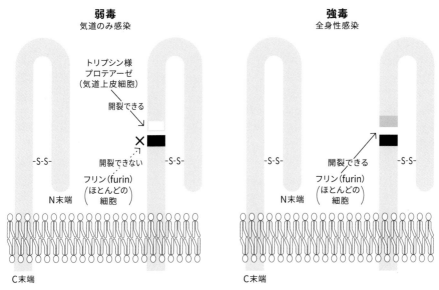

弱毒
気道のみ感染

トリプシン様
プロテアーゼ
（気道上皮細胞）

開裂できる

×
開裂できない

フリン（furin）
（ほとんどの）
細胞

-S-S-

-S-S-

N末端

C末端

強毒
全身性感染

開裂できる

フリン（furin）
（ほとんどの）
細胞

-S-S-

-S-S-

N末端

C末端

図 40　弱毒株、強毒株でのインフルエンザウイルス HA の開裂活性化

ンデミックが起きた）。

　図 38 で見たように、新型インフルエンザを引き起こす種間移動には、豚が関与することが多いといわれている。実は豚の細胞にはヒト型受容体と鳥型受容体が両方発現している。したがって豚の細胞にインフルエンザウイルス（ヒト）と鳥インフルエンザウイルスが同時感染すると、第 1 から第 8 分節について、鳥型とヒト型がミックスされた新たな遺伝子再集合による新型インフルエンザウイルスが生じうるのである。

【45】 高病原性鳥インフルエンザウイルス

　パンデミックの中でも、ヒトに感染した鳥インフルエンザウイルスが、ヒトからヒトへの感染能力を獲得したときに起こりうる感染症は、とても恐れられている。これは「HA 開裂活性化」のしくみにある。インフルエンザウイルスが脱殻するときに必要な HA の開裂はヒトの細胞側の酵素が行う。図 40 に示したように通常のインフルエンザウイルス（ヒト）では、この開裂を引き起こす酵素「トリプシン様プロテアーゼ」は呼吸器や消化管にしかないため、感染し症状が起きる臓器は限局されている。しかし、H5N1 型、H7N9 型、H5N6 型などからの派生が危惧される高病原性鳥インフルエンザウイルスでは、この

開裂がどの細胞も持っているフリン（furin）という酵素で起こるので、すべての臓器においてウイルスの増殖が可能になり、多臓器不全が起きる可能性が考えられている[*35]。

10　ウイルス各論 3（新型コロナウイルスと対抗薬）

【46】　コロナウイルスの名称と本書での解説のスタンス

　コロナウイルスは、太陽のまわりに広がる外層大気であるコロナ（corona）に似た突起タンパク質（S タンパク質）がエンベロープから突き出ていることから命名された。コロナウイルスを発見し命名したジューン・アルメイダは、家計の事情で大学進学はできなかったが、顕微鏡技師として技術革新とウイルス研究に貢献した[*36]。

　ヒトで疾患を引き起こすコロナウイルス（HCoV）は 7 種類あるが、そのうち 4 種（HCoV-NL63, HCoV-229E, HCoV-OC43, HCoV-HKU1）は軽度の上気道感染症を引き起こし、普通に治癒することが多い。しかし、2003 年に流行した SARS（Severe Acute Respiratory Syndrome、重症急性呼吸器症候群）の原因ウイルスである SARS-CoV と、2012 年中東で流行した MERS（Middle East Respiratory Syndrome、中東呼吸器症候群）の原因ウイルスである MERS-CoV、そして新型コロナウイルス感染症の原因ウイルスである SARS-CoV-2 の 3 種は重症化や死亡の可能性が他のコロナウイルスより高い。SARS-CoV-2 は 2019 年中国の武漢市で最初に報告され、現在なお世界に広がりパンデミックを引き起こしている新型コロナウイルス感染症を引き起こす。日本では「新型コロナウイルス」と呼ばれているが、国際的には当初 2019-nCoV（2019 Novel Coronavirus）と呼ばれていた。その後、遺伝子の塩基が約 80％ が SARS-CoV と同じであり[*37]、SARS-CoV との類縁性が高いことから SARS-CoV-2 と命名された。疾病名は日本では「新型コロナウイルス感染症」、国際的には COVID-19（coronavirus disease 2019）と、発見の年（2019 年）を使って呼ぶ。日本語読みでは、SARS-CoV-2 は「サーズ コブ ツー」あるいは「サーズ シーオーブイ ツー」、COVID-19 は「コビッド ナインティーン」と読む。

　さて、軽度の症状しか起こさないコロナウイルス（HCoV-NL63、HCoV-229E、HCoV-OC43、HCoV-HKU1）と SARS-CoV、MERS-CoV、SARS-CoV-2 には共通点もあるが、違いもある。本書ではできる限り、SARS-CoV-2 の情報に基づいて記述するようにした。しかしながらまだ論文や知見が十分に出ていない（あるいは著者が発見できていない）場合は、SARS-CoV の性質を引用し、それでも不足する部分は他のコロナウイルスの性質で補填した。したがって、一部の記述は、複数のコロナウイルスの知見が混じっていることがある。学術や研究では極めて正確な記述が必要であるが、入門書である本書の

[*35] 図 40 において-S-S-となっているのはアミノ酸の種類の部分で説明したように、離れた部位のシステイン側鎖どうしの共有結合 SS 結合である。したがって、開裂が起きてもこの先端部分は、そのまま根元につながれている。

[*36] 彼女の論文は、添付した電子顕微鏡写真を改ざんとみなされ、当時の査読者に却下されたこともある。しかし SARS-CoV-2 によるパンデミック以降、彼女の業績に対する再評価が高まっている。

[*37] 単純な塩基の比較結果は暗黒通信団のサイトに公開されている。http://ankokudan.org/d/dl/pdf/pdf-covid19sars.pdf

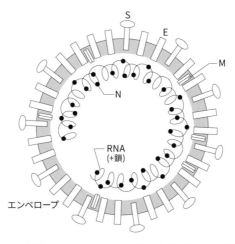

図41　新型コロナウイルス（SARS-CoV-2）の構造

性質上、その点はご理解、ご容赦いただいた上で読み進めてほしい。

【47】　新型コロナウイルスの構造

　図41にコロナウイルスの構造を示した。コロナウイルスはRNAウイルスでエンベロープを持つ。RNAは＋鎖で、分節されずに1本につながった非分節型である。この一本鎖RNAはらせんを巻くように存在し、N（nucleocapsid protein、ヌクレオカプシドプロテイン）が結合している（インフルエンザウイルスはRNAが−鎖で分節型のウイルスであり、その点が異なる）。エンベロープには突起状のS（spike protein、スパイクタンパク質）という糖タンパク質の他に、M（membrane protein、膜タンパク質）、E（envelope protein、エンベロープタンパク質）がある。インフルエンザウイルスと比較すると、インフルエンザウイルスが持っていたRNA依存性RNAポリメラーゼ（RdRp）は持たない。＋鎖なので、脱殻後、細胞質において直接リボソームでタンパク質を翻訳させるmRNAとして働くことができる。そして最初に作らせたタンパク質からRNA依存性RNAポリメラーゼを合成でき、RNAの複製に使うことができるようになる。またインフルエンザウイルスで細胞脱出に使うNAに相当するタンパク質がないのは脱出が簡単だからである。

【48】　新型コロナウイルスの増殖法と今考えられている治療候補薬などの標的

　増殖法の説明は、そのまま新型コロナウイルス感染症に対する対抗薬（治療候補薬）やワクチンの説明にもつなげることができる。これをあわせて図42にまとめた。ただ、冒頭にも述べたように、本書執筆の2020年9月時点で、すべての患者に有効であると確認された対抗薬はない。また、有効性が確認されたワクチンは未開発で研究中である。将来開発された場合も、その使用開始時期、使用範囲、有効性、副作用に関しても様々な議論がありうる。対抗薬の作用のしくみも理論的な説明、あるいは仮説段階であり、すべての

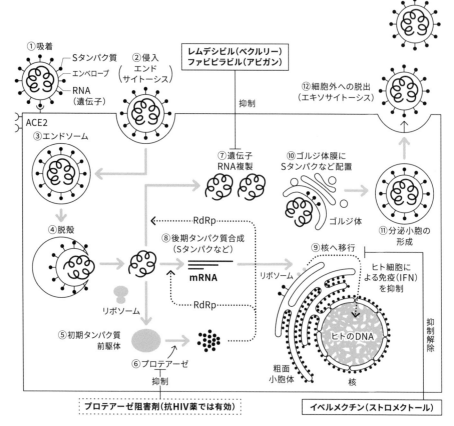

図 42　新型コロナウイルス（SARS-CoV-2）の増殖法と対抗薬の標的

患者の細胞でこのように働くとは限らないことを踏まえてお読みいただきたい。
　新型コロナウイルスが細胞を乗っ取って増殖する過程は以下である。
① 吸着
　　S タンパク質で細胞表面のウイルス受容体 ACE-2（angiotensin-converting en-
　zyme 2、アンジオテンシン変換酵素 2）に結合する。
② エンドサイトーシスによる侵入
③ エンドソーム化
④ 脱殻
　　S タンパク質がエンドソーム膜とエンベロープの融合に働く。
⑤ 初期タンパク質前駆体（非構造タンパク質前駆体）の合成
　　脱殻により細胞質に出されたウイルス RNA はそのまま転写しうる＋鎖 RNA なの
　で、そのまま転写され、初期タンパク質前駆体（非構造タンパク質前駆体）を作る。
⑥ プロテアーゼによる初期タンパク質生成

プロテアーゼ（タンパク質分解酵素、protease）[38]により、初期タンパク質前駆体が、16 種類に分解され、それぞれが初期タンパク質（非構造タンパク質）となる。これらの非構造タンパク質は、細胞内で様々な働きを行う。RNA 依存性 RNA ポリメラーゼとして、RNA の複製に関与するものも含む。

⑦ RNA 複製

⑥で合成された RNA 依存性 RNA ポリメラーゼの作用で RNA 全体を複製する。

⑧ 後期タンパク質合成

⑥で合成された RNA 依存性 RNA ポリメラーゼの作用で、後期タンパク質の mRNA を合成し、その転写により S、N、E、M などの構造タンパク質を作る。ただ一部は非構造タンパク質も作る。

⑨ インターフェロン抑制

⑧で合成された後期タンパク質の中の非構造タンパク質の一部が核内に移行し、インターフェロン（interferon、IFN）合成遺伝子の発現を抑制する。インターフェロンとは、英語の interfere（妨害する）から命名され、ウイルスの増殖を抑制する抗ウイルス作用を示す物質である。つまり、抗ウイルス作用を持つ物質の合成遺伝子を抑制することで、細胞内をウイルスが増殖しやすい状態にする。

⑩ ゴルジ体膜への配置

エンベロープに埋め込むタンパク質 S、N、E がゴルジ体膜へ配置される。

⑪ 分泌小胞の形成

S、N、E が配置されたゴルジ体膜に向けた RNA（N が結合）が出芽し、「子ウイルス」を包んだ分泌小胞が形成される。

⑫ 脱出

「子ウイルス」が分泌小胞内部で完成した後、エキソサイトーシスで細胞外に脱出する。

【ワクチンや対抗薬などの標的】以下に増殖過程の説明の番号に作用する可能性がある対抗薬やワクチンを説明する。

① 界面活性剤によるエンベロープの破壊

エンベロープは前に感染した細胞のゴルジ体膜（細胞質と成分は同じ）などリン脂質なので、石けんなど界面活性剤は、それを溶かして壊す効果がある。

① ワクチン

インフルエンザ HA ワクチンが HA を標的にしていたように、将来の開発が目指されているワクチンの標的としては、S タンパク質が考えられている。S タンパク質成分を投与し、それに対する抗体を作らせる方法や、S タンパク質を指定する DNA や RNA を取り込ませ、細胞に S タンパク質を作らせ細胞外に放出させることで抗原を作らせる方法（DNA ワクチン、RNA ワクチン）なども開発が試みられている。ワクチン開発では、副作用が起こらないことの確認が必要である[39]。

---

[38] プロテアーゼとは、細胞が持っていたり、ウイルス遺伝子によって生成されるタンパク質分解酵素の総称である。様々な種類があり、分解するタンパク質の種類や部位は種類によって異なる。

[39] ワクチンは抗体の産生を促し、ウイルス粒子などに結合し細胞に侵入させなくする作用で働く

⑥ プロテアーゼ阻害薬

　非構造タンパク質が大きな塊として作られ、その後プロテアーゼで分割されて実際に働く非構造タンパク質となる。HIV ではここを阻害するプロテアーゼ阻害剤が治療薬に用いられている。SARS-CoV-2 に関しても同様なアプローチが考えられている。

⑦ RNA 合成（複製）阻害薬

　ファビピラビル（アビガン）、レムデシビル（ベクルリー）などである。詳しいしくみは後述する（☞ p. 77）。

⑨ IFN 合成促進薬

　IFN（インターフェロン）遺伝子の発現を抑制するウイルスの非構造タンパク質を、核内へ移行させないようにする。そして、IFN 遺伝子の発現による IFN 合成を促進し、ウイルスの増殖を抑制する。

　代表例であるイベルメクチン（ストロメクトール）のしくみは後述する（【52】☞ p. 77）。

【49】　SARS-CoV での遺伝子発現（タンパク質合成）詳細

　図 43 を使って、解明が進んでいる SARS-CoV を例に、その遺伝子発現のしくみを説明する。SARS-CoV-2（新型コロナウイルス）でも、ほぼ同じしくみであると考えられている。図 43 では 5′ → 3′ 方向を→で示すが、→向きのときは、リボソームでタンパク質に翻訳しうる方向（＋鎖）、←向きのときは−鎖である。合成されたタンパク質は灰色の長方形で示す。まず、＋鎖 RNA の長さは全体で 30 kb（3 万塩基）であり、前方 20 kb が初期タンパク質（非構造タンパク質）、後方 10 kb が後期タンパク質（構造タンパク質と一部非構造タンパク質）を指定する RNA である。左から番号順に並んでいるのでわかりやすい。前方の 20 kb は *1a* と *1b* が結合した構造をしており、この接続点の塩基はシュードノット構造（pseudoknot structure）という。まず侵入したウイルスの RNA は細胞のリボソームを乗っ取って、*1a* の部分を 1a タンパク質に翻訳させる。*1a* 末尾の終止コドンで、基本的には翻訳が終了する。ところが *1a* 最後の接続点にはシュードノット構造があり、これはリボソームが塩基を読み飛ばす「リボソームフレームシフト」を起こしやすい立体構造をしている。すると、ある確率で、塩基の挿入や欠失がないにも関わらずコドンの読み枠がずれてしまい[*40]、リボソームが終止コドンを認識できずに翻訳が続いてしまう。*1b* の終わりには、ずれた読み枠で終止コドンとなる部分があるため、そこで翻訳は完全に終了する。この場合は 1a ではなく、1ab という長いタンパク質が合成される。

　ことが多い。しかし、可変部でウイルス粒子を結合した抗体が、定常部で細胞表面に結合し、逆にヒト細胞内にウイルス粒子を取り込み、感染を増幅してしまうことがある。これを、抗体依存性感染増強（ADE, antibody-dependent enhancement）といい、副作用になりうる。この ADE など副作用が起こらないことの確認が必要である。仮に副作用がない場合でも抗体が体内でどれくらいの期間効果を持ち続けるかで有効性も変わってくる。ワクチン開発は求められるが、副作用もなくかつ有効なワクチンがすぐに開発され、そのことによって、今回のパンデミックが解決するという楽観は持たないほうがよい。私たちは、予防、医療体制の充実と地道な研究の積み上げを重ねていくしかない。

[*40] 本を読んだとき、ある行の最後の 1 文字を間違えて読み飛ばすことがあるようなイメージである。

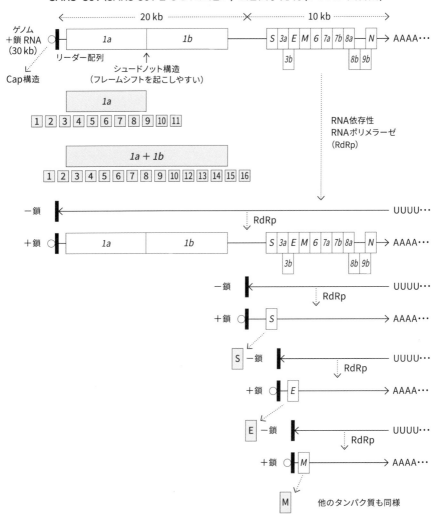

図 43　SARS-CoV の遺伝子とその発現過程

ウイルスの RNA は何度も細胞のリボソームによって翻訳されるため、1a という中程度の大きさのタンパク質と、1ab という大きなタンパク質が、ある割合で両方作られる。

　次に、プロテアーゼ（タンパク質分解酵素）の作用により、1a は 1 から 11 の 11 種類のタンパク質に分割される。1ab は 1 から 10 ならびに 12 から 16 の 15 種類のタンパク質に分割される。1a 由来と 1ab 由来の前半のタンパク質は 1 から 10 までは共通であるが、1a 由来では 11 が合成されるのに対し、1ab 由来では 11 は合成されず、12 から 16 が合成される。これはシュードノット構造によるフレームシフトの影響である。これら 16

種類のタンパク質は「子ウイルス」の構造には受け継がれず、細胞内でウイルスが行う物質生産の補助、「裏方」として働くので NSP（non-structural protein、非構造タンパク質）といい、NSP1 から NSP16 と呼ばれる。とりわけ NSP12 は RNA 依存性 RNA ポリメラーゼ（RdRp）として働く。ここまでが初期タンパク質（非構造タンパク質）である。

　次に＋鎖 RNA を鋳型として RNA 依存性 RNA ポリメラーゼ（NSP12）を使い－鎖 RNA が作られる（＋鎖 RNA は末端が真核生物の mRNA 同様、ポリ A テールとなっている、その部分はポリ U に複製される）。さらに、この－鎖を鋳型に、再び＋鎖 RNA が合成される。このようにして＋鎖→－鎖→＋鎖→－鎖→＋鎖→－鎖→＋鎖→－鎖→……を繰り返し、－鎖 RNA とともに、＋鎖 RNA も多く合成される。合成された＋鎖 RNA の一部が後期タンパク質の翻訳に使われていく。その場合、後方の 10 kb のみが翻訳される。図 43 にあるように、後方には S、E、M、N など「子ウイルス」に受け継がれる構造タンパク質を指定する遺伝子が並んでいる。同時に、3a、3b、6 および 7a、7b、8a、8b、9 などの番号のついたタンパク質を指定する遺伝子もある。この番号のついたタンパク質は、非構造タンパク質である。アデノウイルスでは初期タンパク質＝非構造タンパク質、後期タンパク質＝構造タンパク質との区分がはっきりしているが、SARS-CoV の場合、後期タンパク質にも非構造タンパク質が含まれる。

　後期タンパク質合成のために、後期タンパク質指定遺伝子部分、つまり後半の 10 kb 部分を転写した 7 種類の mRNA が作られる。そのためにまず、それぞれの鋳型となる 7 種類の－鎖 RNA を合成する。その後、同じ長さの＋鎖 RNA を合成しこれが mRNA としてリボソームで翻訳される。さて図 43 の中で、各鎖の先端部分に縦長の長方形（黒塗り）で描いた部分はリーダー配列と呼ばれる。ここは分離し移動し、様々な長さの＋鎖 RNA 合成の起点としてのプライマーとなる。

　7 種の各＋鎖 RNA（mRNA）には、それ以降の遺伝子の塩基配列がすべて並んでいる。たとえば S とだけ書いてあるが mRNA にはそれより後方に E、M、N や非構造タンパク質の遺伝子が乗っている。しかし終止コドンで翻訳が終了することもあり、それぞれの mRNA からは、それぞれの鎖の先端にあるタンパク質一つか二つが翻訳される。なお、核内で RNA 合成を行うインフルエンザウイルスと異なり、SARS-CoV は核内には移行せず RNA 合成はすべて細胞質内で行っているためスプライシングは行われない[*41]。

【50】　遺伝子、タンパク質の長さ

　図 25（☞ p. 42）で、生物やウイルスが使っている遺伝子の塩基数とアミノ酸数は概算で「1 遺伝子（タンパク質指定部分）≒ 1 kb（1000 塩基、DNA の場合は 1 kbp、1000 塩基対）≒約 300 アミノ酸が 1 タンパク質（分子量 3 万から 5 万）」という捉え方をするとよいと説明した。SARS-CoV の場合、全部で 30 kb の RNA のうち、初期タンパク質を指定する 20 kb から、（最初は巨大な前駆体として合成されるとはいえ）最終的には 16 タンパク質ができるので「1 遺伝子（タンパク質指定部分）≒ 1 kb ≒約 300 アミノ酸≒ 1 タンパク質」という概数と一致している。後期タンパク質指定遺伝子 10 kb からも約 10

[*41] SARS-CoV がインフルエンザと異なる性質は他にもある。非構造タンパク質 14 は、RNA 複製の際の損傷を除去する酵素であり、RNA の変異の頻度をインフルエンザウイルスの場合より低くしている。このことと病原性の関係が注目されている。

個のタンパク質が合成されるので、「1 遺伝子（タンパク質指定部分）≒ 1 kb ≒約 300 ア
ミノ酸≒ 1 タンパク質」を満たす。あわせて 30 kb ≒約 30 遺伝子で、それぞれが 300 ア
ミノ酸程度のタンパク質を合成していることが確認できる。

【51】 ファビピラビル（アビガン）、レムデシビル（ベクルリー）の 作用のしくみ

　ファビピラビル（アビガン）は、どのようにして RNA 複製を阻害すると考えられてい
るだろうか？ 図 44 の右にあるようにファビピラビル（アビガン）は、六員環から若干の
分子の枝が伸びた構造をしている。そして細胞内でリボース、三リン酸と結合した「ファ
ビピラビル RTP」という分子となる。RNA ウイルスが侵入したヒトの細胞内で自らの
RNA を合成させるときに使う原料は項目【14】「DNA 鎖、RNA 鎖伸長反応におけるプ
ライマーと鎖の向き」の図 13（☞ p. 23）で示したように、ATP、UTP、GTP、CTP で
ある。プリン塩基である A と G はファビピラビルに分子の形が似ており、細胞内にもと
もと存在する GTP、ATP と、ファビピラビルの摂取で細胞内に合成される「ファビピラ
ビル RTP」も「そっくり」となる。すると、RNA 依存性 RNA ポリメラーゼ（RdRp）
は、RNA 合成の原料（GTP、ATP）と間違えて「ファビピラビル RTP」を伸長させつ
つある鎖に取り込んでしまう。このように、「ファビピラビル RTP」は本来取り込むべき
ATP、GTP と競合し、RNA 合成が阻害される。レムデシビル（ベクルリー）もほぼ同
じ作用で働く[*42]。

【52】 イベルメクチンの作用のしくみに関する仮説 —IFN 抑制解除—

　北里大学特別栄誉教授の大村智氏は、寄生虫薬イベルメクチン（ストロメクトール）
を開発し、その研究でノーベル医学生理学賞を受賞した。今、このイベルメクチンは
SARS-CoV-2 の対抗薬候補にもあげられている。一般にウイルスが侵入すると、ヒト細
胞はそれに対抗する自然免疫を活性化させようとする。図 45 の①のようにウイルス抗原
を白血球が貪食するとサイトカイン（【62】☞ p. 91）が分泌され、それを細胞表面のサイ
トカイン受容体が受け止めると JAK-STAT 経路というシグナル伝達が起き、インポーチン
（importin）という細胞質内タンパク質がリン酸化Ⓟで活性化した STAT を核内に輸送す
る。その STAT が、核の IFN（interferon）遺伝子の転写、翻訳を促し、IFN が合成され
る。ところが図 45 の②のように、SARS-CoV-2 が合成させた非構造タンパク質は、イン
ポーチンに結合して STAT の核内移行を阻害するために、IFN 遺伝子が転写、翻訳され
ず、SARS-CoV-2 の増殖が阻害されなくなる。つまり、SARS-CoV-2 はヒトの細胞の自
然免疫に関する遺伝子を眠らせてしまうのである。

　図 45 の③はイベルメクチンの作用の仮説である。イベルメクチンは SARS-CoV-2 の
非構造タンパク質に結合することで、インポーチンを自由にする。自由になったインポー
チンは図 45 の①と同様、STAT を核内に輸送し、IFN 遺伝子が転写、翻訳され、抗ウイル

[*42] ファビピラビル（アビガン）の使用は、同じ RNA ウイルスであるインフルエンザの対抗薬
であったものを、緊急に SARS-CoV-2 に使用するということであり、未承認で医師の判断に
よる適応外使用となっている。レムデシビル（ベクルリー）は治療薬として承認されている
（2020 年 9 月時点）。

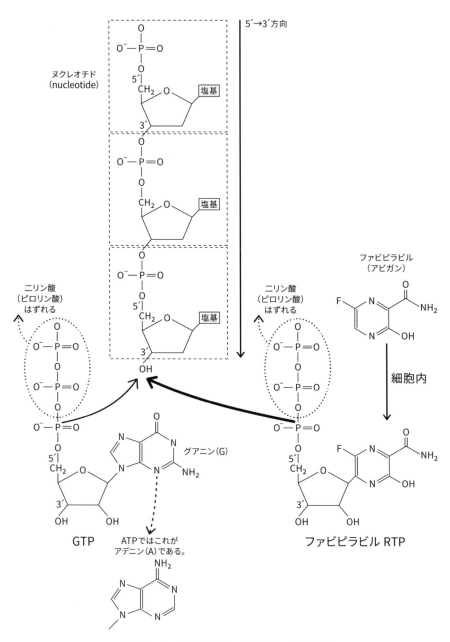

図 44　ファビピラビル（アビガン）の作用

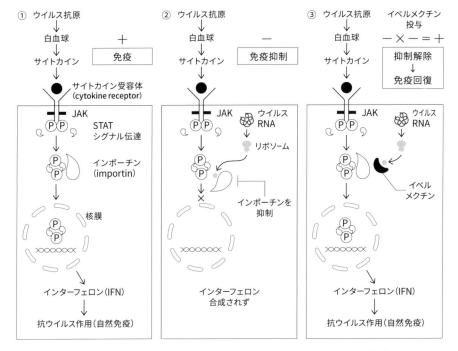

図 45　イベルメクチン（ストロメクトール）の標的に関する仮説

ス作用を示す。つまりイベルメクチンは非構造タンパク質によるインポーチンの働きの抑制を解除し、抗ウイルス作用を促進する。生物学では「抑制解除」という言葉がよく使われる。抑制（−）の解除（−）なので結果的の促進（＋）の意味になる[*43]。

11　ウイルス各論 4（HIV）

【53】　HIV と AIDS

　HIV（Human Immunodeficiency Virus、ヒト免疫不全ウイルス）は、発症するとAIDS（Acquired Immunodeficiency Syndrome、後天性免疫不全症候群）を引き起こすので「AIDS ウイルス」と呼ばれることもある。ときどき「HIV ウイルス」という人がいるが、それは「ウイルス」という語を繰り返していることになるので「HIV」というのが正しい。SIV（Simian Immunodeficiency Virus、サル免疫不全ウイルス）に感染したチンパンジーから約 100 年前にヒトに感染し、ヒト社会に広がった。

　HIV は、ヘルパー T 細胞という、ヒトの免疫系全体に総合的な指令を出している細胞の CD4 という受容体を介して感染する。疾病が進行すると免疫不全となり、免疫系がしっかり機能していた時期には発症しなかったような感染症（たとえばカポジ肉腫、カリ

[*43]　「天才バカボン」に出てくるバカボンのパパは、「反対の賛成」「賛成の反対」というよくわからない意見表明をする口癖がある。しかし「反対の反対」が「賛成」になることはすぐにわかると思う。同様に「抑制解除」は結果的に「促進」となる。

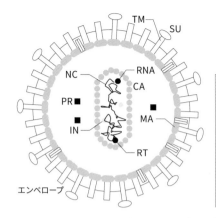

【Env タンパク群】	【Gag タンパク群】
SU （表面タンパク質） TM （膜貫通タンパク質）	MA （マトリックス 　　タンパク質） CA （カプシド） NC （ヌクレオカプシド）
【Pro タンパク】	【Pol タンパク群】
PR （プロテアーゼ）	RT （逆転写酵素） IN （インテグラーゼ）

図 46　HIV（ヒト免疫不全ウイルス）の構造

ニ肺炎、サイトメガロウイルスによる感染症）を発症しやすくなる。普段は致命的でない細菌などが、免疫系の弱体化を狙ったかのように増殖するので、日和見感染という。1981年に、まず男性同性愛者から見つかり、その後血液製剤を介しての感染、異性間感染や母子感染があるとわかってきた。日本では 1990 年代に、血友病患者（血液凝固作用の活性が弱い患者）の治療に使われた（アメリカからの）輸入非加熱製剤により血友病患者に広がり、非加熱製剤を認可した国の責任が問われた（1995 年薬害エイズ裁判など）。当初は死亡率が高かったが、多剤併用療法（カクテル療法）といって、HIV が増殖する過程の様々な段階に働く薬剤を一緒に飲むことにより、服用しながらの生存が可能となった。

【54】　HIV の構造

図 46 に HIV の構造と遺伝子を示した。

HIV は＋鎖 RNA ウイルスである。RNA は 2 分子あるが、1 分子でも十分遺伝子がそろっている。遺伝子 *gag*、*pro*、*pol*、*env* がこの順に並ぶ。*pro* からは PR（protease、タンパク質分解酵素）が直接合成されるが、他の三つの遺伝子からはまず前駆体タンパク質 Gag、Pol、Env が合成された上で、プロテアーゼで分解され、それぞれ以下のタンパク質になる。

- Env → SU（surface protein、表面タンパク質）、TM（transmembrane protein、膜貫通タンパク質）
- Pol → IN（integrase、インテグラーゼ）、RT（reverse transcriptase、逆転写酵素）
- Gag → MA（matrix protein、マトリックスタンパク質）、CA（capsid、カプシド）、NC（nucleocapsid、ヌクレオカプシド）

前駆体タンパク質 Env からできた SU と TM はエンベロープに埋め込まれる。SU は HIV が細胞側のウイルス受容体に吸着する突起構造となり、TM は細胞膜との融合に関係する。

前駆体タンパク質 Pol からは、RNA から DNA を逆転写する逆転写酵素 RT と、逆転写した DNA を細胞核内に輸送し、宿主 DNA に組み込む IN が作られる。RT は RNA に付着し、IN はカプシドの内側の RNA に近い位置にある。前駆体タンパク質 Gag からは

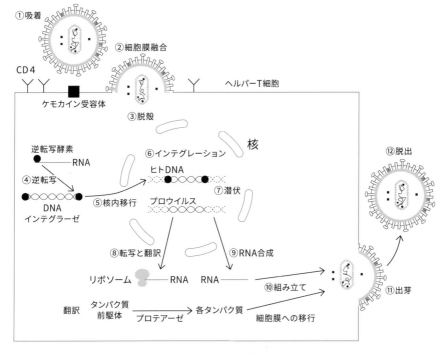

図 47　HIV の増殖法

エンベロープの内側で RNA を包むタンパク質の殻である CA、RNA に結合して支える NC、CA とエンベロープの間にある MA が作られる。

　直接合成される PR（プロテアーゼ）はカプシドとエンベロープの間にあり、前駆体タンパク質の分割に働く（【48】☞ p. 71）。つまり、HIV は直接の構造物である MA、SU、NC、SU の他にも、様々な酵素も含めてウイルス粒子の中に持っている。アデノウイルスやコロナウイルス（SARS-CoV-2 を含む）は、最小限の構造と遺伝子しか持たずにヒト細胞に侵入し、ヒト細胞のしくみを使って増殖する。一方、HIV は他に様々な酵素を持っている。HIV は逆転写や細胞質から核への DNA 輸送など、ヒト細胞が通常行わない反応も行うため、それに必要な酵素群は自らのウイルス粒子の中に準備し、細胞侵入とともに一緒に持ち込むしかない。

【55】　HIV の増殖法と遺伝子発現の過程

　HIV の増殖と遺伝子発現の過程を図 47 に示した。
　以下が HIV の増殖過程である。
① 吸着
　　ヒトの免疫系細胞であるヘルパー T 細胞などの表面タンパク質 CD4 というウイルス受容体にエンベロープからの突起タンパク質 SU で結合する。
② 細胞膜融合

81

エンベロープにある **TM** などの働きで、ヒト細胞の細胞膜とエンベロープが融合し、カプシドやカプシドとエンベロープの間にあった **MA**、**PR** が細胞質内に送りこまれる。アデノウイルス、インフルエンザウイルス、コロナウイルスがいずれもエンドソームを作ったのに対し、いきなり直接細胞膜の内側にウイルス粒子の内容物が放出される。

③ 脱殻

カプシドが分解され、**RT**、**IN**、**NP** などを結合させた RNA が細胞質に放出される。

④ 逆転写

持ち込んだ **RT**（逆転写酵素）を使い、RNA から DNA を作る。まず RNA に相補的な DNA を合成し、一時的に RNA と DNA の二本鎖ができる。次に RNA を RT の持つ RNA 分解酵素活性で分解し一本鎖 DNA とする。最後にその一本鎖 DNA に対する相補鎖を合成し、二本鎖 DNA を作る。

⑤ 核内移行

DNA 鎖の両端を結びつけるように結合した **IN** が DNA を細胞質から核に移行させる。

⑥ インテグレーション

IN（integrase、インテグラーゼ）は核に移行した後は、ヒト DNA の一部に切れ込みを入れ、そこにウイルス由来の DNA を組み込む。これをインテグレーション（integration）という。数学の積分記号 $\int$（integral、インテグラル）には「統合する」というような意味があるが、ウイルス RNA 由来の DNA をヒト DNA の中に組み込み合体させるのもインテグレーションである。

⑦ 潜伏

インテグレーションが終わると、ウイルス由来 DNA はヒト DNA の中でそのまま潜伏する。ウイルス由来 DNA のこの状態をプロウイルス（provirus）という。プロウイルスが再活動を始めるまでの期間を潜伏期という。

⑧ 転写と翻訳（構造タンパク質合成）

プロウイルス DNA は核内で転写されリボソームで翻訳され構造タンパク質ができる。

⑨ RNA 合成

HIV は＋鎖 RNA なので、プロウイルス DNA が転写された RNA はそのまま子ウイルスの RNA となる。

⑩ 組み立て

RNA とタンパク質を組み立て、まずはカプシド構造を作る。

⑪ 出芽

エンベロープにある **SU**、**TM** はリボソームで作られたものが細胞膜に配置されている。そこにカプシドや他のタンパク質が細胞膜に接近し、全体がパッケージされるように出芽する。

⑫ 脱出

細胞内で増殖した「子ウイルス」が脱出する。

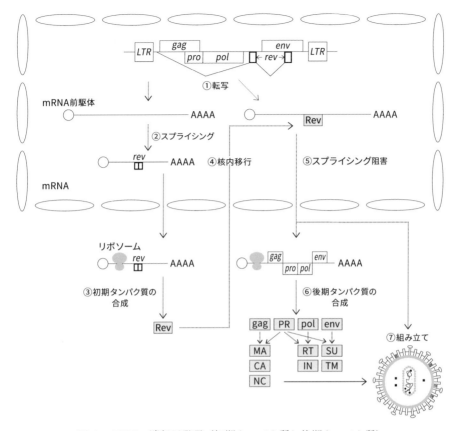

図 48　HIV の遺伝子発現（初期タンパク質と後期タンパク質）

　⑦と⑧には HIV 独特のスプライシング制御というプロセスがある。次にそれを説明しよう。

【56】　HIV の初期および後期タンパク質合成とスプライシング制御

　図 48 は HIV 増殖における遺伝子発現の時系列順を示した図である。核内上側の線上に、ヒト細胞の核に組み込まれた HIV プロウイルスの遺伝子配置が示されている。*gag*、*pro*、*pol*、*rev*、*env* などの遺伝子が並んでいる。斜めの線の間にはさまれた部分（2 箇所）は、初期タンパク質合成においてスプライシングで除去されてしまう部分である。したがって、この図の上で、スプライシングで除去されない部分は太枠四角で示した二つの Rev のみである（左右の太枠四角が合体した塩基配列が初期タンパク質 Rev を指定する）[44]。合成された Rev は核内に移行し、スプライシングを阻害する。すると今度は、*gag*、*pro*、*pol*、*env* 由来の子ウイルスのための構造タンパク質（後期タンパク質）が合

---

[44] 実は Rev の他にも図 48 に描かれていない翻訳される初期タンパク質が若干あるが、簡略化のために省略している。

成される。初期タンパク質（Rev）合成から後期タンパク質（様々な構造タンパク質）合成へのスイッチの切り替えは巧みであり、次のように行われる。

① 転写　全長の mRNA 前駆体が転写される。
② スプライシング　rev 部分のみを持つ mRNA となる。
③ 翻訳（初期タンパク質の合成）細胞質に移動した mRNA がリボソームで翻訳され、初期タンパク質 Rev が合成される。
④ 核内移行　Rev が核内に移行する。
⑤ スプライシング阻害　Rev がプロウイルス DNA に結合し、スプライソソーム（スプライシングをする酵素）の結合を阻害する。
⑥ 翻訳（後期タンパク質の合成）　スプライシング阻害により維持された全長 mRNA が細胞質に移動しリボソームで翻訳され、すべての構造タンパク質（後期タンパク質）が合成される。
⑦ 組み立て　構造タンパク質と全長 RNA が組み立てられ、細胞を脱出するときに細胞膜を素材にエンベロープで包まれ、子ウイルスとなり細胞を脱出する。

　なお、最後に HIV ゲノムの両端に LTR（long terminal repeat、長末端反復配列）という部分があることに注目してほしい。HIV の DNA がヒト DNA のインテグラーゼで組み込まれるとき、その両端の目印となるとともに、それより下流（右）に位置する遺伝子の転写を促進する。左の LTR の下流には gag、pro、pol、rev、env などの遺伝子が並んでいるのでその発現を促進する。

　ちなみにウイルスががんの発生を誘発することがある。例えばレトロウイルスの両端の LTR のうち、右端の下流に原がん遺伝子*45 があった場合（原がん遺伝子の上流にたまたまレトロウイルスのプロウイルス DNA が組み込まれた場合）、その原がん遺伝子の転写が過剰に促進され、発がんにつながる。

12　ヒトゲノムと動く遺伝子、ウイルスと生物進化

【57】　ヒトゲノムと動く遺伝子

　2003 年にヒトゲノム全塩基配列が解読され、ヒトゲノムの中で、どのような配列の遺伝子がどのような比率（％）で存在するかの概要がわかってきた。図 49 はそれを示したものである。捉え方によって若干の割合の違いが生じる。エキソン（タンパク質を指定しうる遺伝情報を持った部分）が全体の 1％ 強しかないことも驚きであるが、切り出して捨てられるイントロンの部分（20％）を含めて、ユニーク配列という 1 か所ずつしか配列がない部分が全体の 30％ 程度ある。残り 70％ はゲノムで全く同じ配列の部分が複数出てくる反復配列である。反復配列は、短い塩基配列が同じ部分で繰り返される単純単複配列と、離れた場所に同じ配列が散在して存在する散在反復配列に分けられる。散在反復配列の多くは別名「動く遺伝子」といわれ、進化の中で遺伝子の位置を移動したり増幅したりしてきたと考えられている。LINE（long interspersed nuclear element、長鎖散在反復配列）が全体の 24％、SINE（short interspersed nuclear element、短鎖散在反復配列）が全体の 14％、LTR 型レトロトランスポゾンが 18％、DNA 型トランスポゾンが 3％ で、

---

*45 健康時には細胞の機能を担うが、変異するとがん遺伝子になりうる遺伝子。

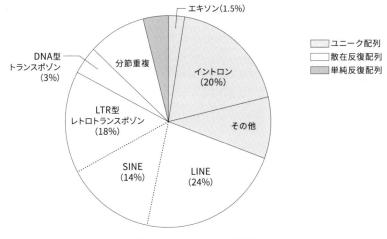

図 49　ヒトゲノムの構成

合わせると全ゲノムの 50% 以上となる。散在反復配列には、この他に 5 kbp 以上の長い配列がゲノムの中に複数存在する分節重複がある。

　「動く遺伝子」とは何か？　1940 年代、生物学者バーバラ・マクリントックはトウモロコシの種子の模様を研究し、ゲノム内を「動く」遺伝子があることを提唱した。この考えは 40 年経って、1983 年に初めて確かめられ、彼女はノーベル賞を受賞することになった。では、ヒトの「動く遺伝子」はどのようにゲノムの中に数を増やしてきたか？

　ヒトゲノムの中の 24% を占めるまで数を増やしてきたのが、図 50 に示した LINE である。LINE は今は増殖を停止しているが、かつては以下のようにして数を増やしてきたと考えられている。まず LINE の DNA が mRNA に転写され、細胞質に出てリボソームで翻訳される。その結果できる LINE タンパク質は逆転写酵素活性を持つ。作られた LINE タンパク質は元の RNA との結合を維持した RNP として核内に戻る。核内において、この逆転写酵素が mRNA を鋳型に逆転写を行い、元と同じ LINE の DNA を合成し、核の DNA に切れ込みを与えた上でそこに LINE 遺伝子を挿入する。このようにコピー＆ペーストの手法で、LINE は増えてきたと考えられている。一方、ヒトゲノムの 14% を占める SINE は、逆転写酵素は合成できないが、LINE などが残していった逆転写酵素と結合し、増えてきたと考えられている。また、18% を占める LTR 型レトロトランスポゾンは HIV などと同じ LTR を両端に持つ。これはもともと細胞に侵入したレトロウイルスが細胞から脱出せずにそのままゲノムとして定着したものと考えられている。

【58】　ウイルスの起源は？

　ウイルスの登場には様々な説があるが、有力な説を紹介する。まずは図 51 の①が「動く遺伝子」LINE である。逆転写酵素を貼り付けた RNA（RNP）が核内に戻り、逆転写酵素で DNA を合成させ、核に潜伏していく。このようなコピー＆ペーストの繰り返しが LINE を増やしてきた。

　一方、図 51 の③は HIV などレトロウイルスである。まず細胞内に侵入し、自らウイル

LINE（long interspersed nuclear elements、長鎖散在反復配列）

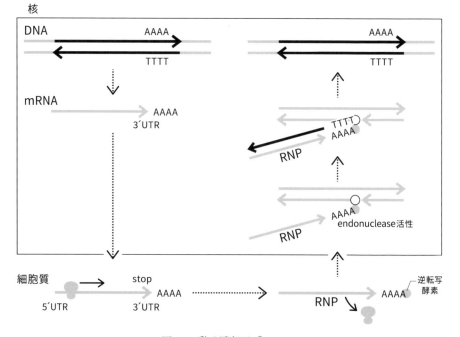

図50　動く遺伝子「LINE」

ス粒子の中に持ち込んだ逆転写酵素により DNA となり、核の中に潜伏したのち、転写、翻訳され、逆転写酵素付きの RNA となり細胞外に脱出していく。LINE の複製は HIV の増殖方法と非常に似ている。そこでウイルスの起源説として「ウイルスは細胞を飛び出した、動く遺伝子ではないか」という意見が有力な説の一つとなっている。逆にウイルス由来の遺伝子が細胞外脱出をやめ細胞内に定着したのが LTR 型レトロトランスポゾンではないかと考えられている。

　ちなみに、図51 の②はゲノムの中に存在する偽遺伝子（pseudogene）のあるタイプの由来を示している。偽遺伝子とは今でも働く遺伝子と配列が類似しているが、遺伝子として機能していないものを示し「遺伝子の残骸」といわれることもある。図51 に示した偽遺伝子はある遺伝子のエキソン部分とポリ A テールがつながった塩基配列をしたものである。この生成は以下のように起きたと考えられる。まず、元の遺伝子から転写されたmRNA 前駆体からスプライシングを起こし、エキソンのみがつながりポリ A テールが末尾についた mRNA ができる。次に細胞内で LINE や侵入したレトロウイルスが残した逆転写酵素を活用して、エキソンとポリ A テールのみを逆転写しイントロンなしの遺伝子になったという流れである。

　逆転写酵素はヒトゲノムの多様性を増す役割を果たしてきたという見方もできる。

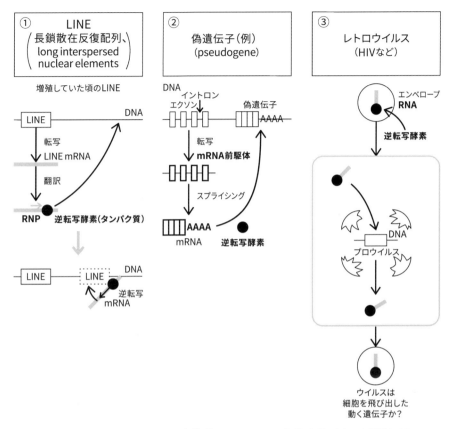

図 51　動く遺伝子とウイルスの類似性 ―ウイルスは細胞を飛び出した遺伝子？―

【59】　胎盤とウイルス

　図 52 に哺乳類の胎盤（placenta）の図を示した。胎盤は母体と胎児が接する器官である。胎児と母体は互いに他者なので、血液が交わると拒絶反応が起こる。しかし母体から胎児側に酸素と糖など栄養を、逆に胎児からは母体側に二酸化炭素や尿素など老廃物を送らなければならない。「接するが交わってはいけない」ため、接する位置にある栄養膜細胞を融合し、栄養膜合胞体細胞（syncytiotrophoblast）にしている。そのときに働く遺伝子シンシチン（syncytin）はかつて哺乳類（Mammalia）の祖先に感染し、その後細胞脱出能力を失って哺乳類の祖先細胞の遺伝子に取り込まれたウイルスであることがわかっている。ウイルスは細胞の内外を行ったり来たりする。細胞から脱出する際に、もとの細胞のゲノムの一部を持ち去り、次に感染した細胞に埋め込むという遺伝子の運び屋の働きをすることもある。ヒトゲノム自体にウイルス由来の遺伝子があるとともに、ウイルスがもたらした遺伝子が生物を進化させてきた。私たちは、当面は 2020 年の SARS-CoV-2 による危機を、医療崩壊を防ぎながら乗り越えなければならないが、根本的には、ウイル

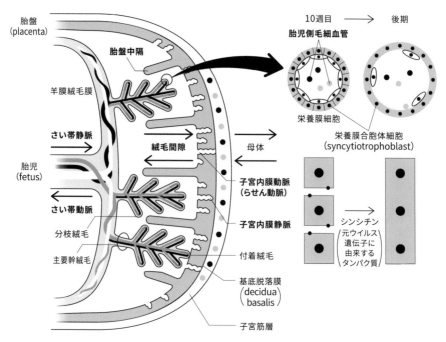

図52　ウイルスの共生が胎盤、哺乳類を生み出した。

スとヒトは切っても切れない存在と考え、どのように共生しうるか考えることが必要ではないだろうか。

13　ヒトの免疫系

【60】　免疫系総論

　細菌やウイルス、毒素といった異物から体を守るしくみを免疫（immunity）という。免疫のシステム全体をさす場合は、免疫系（immune system）という。SARS-CoV-2においても、確実な治療薬が開発されていない中でも、感染者の8割は無症状か軽症で治癒していく。治癒に向かわせたものはヒト自身の免疫系である。たしかに、後遺症や免疫記憶がいつまで維持されるかについては未知な点も多い。後述するように（【62】☞ p. 91）サイトカインストームにも配慮が必要である。ただ、私たちは全く無防備ではなく強い味方が体内にいることを意識し、その免疫系が適切に働くことができるように体調を整えるようにすべきだろう。

　図53にヒトの免疫系の全体像を示した。免疫系の主役は血液中にある白血球のグループが担っている。血液中の細胞を血球、液体成分を血漿（けっしょう）という。血球はすべて骨髄で作られる。ヘモグロビンを持ち酸素運搬に働く赤血球（red blood cell）と、血液凝固に働く血小板（platelet）の二つは、核を捨てた無核細胞である。一方、核を持つ血球は、赤くはないので、白血球（white blood cell）と総称されている。白血球にはその形状や性質から、好中球（neutrophil、中性色素によく染まる）、樹状細胞（dendritic cell）、

88

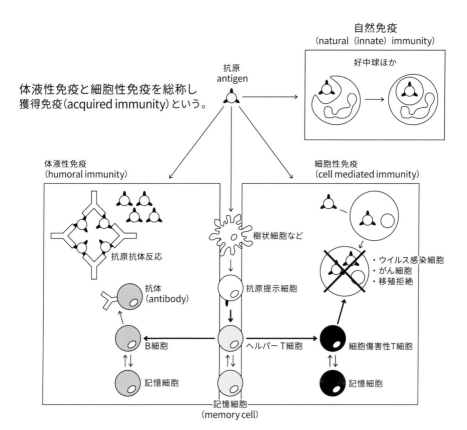

内のラベル：

自然免疫
(natural (innate) immunity)

好中球ほか

抗原
antigen

体液性免疫と細胞性免疫を総称し
獲得免疫（acquired immunity）という。

体液性免疫
(humoral immunity)

細胞性免疫
(cell mediated immunity)

抗原抗体反応

樹状細胞など

・ウイルス感染細胞
・がん細胞
・移植拒絶

抗体
(antibody)

抗原提示細胞

B細胞

ヘルパーT細胞

細胞傷害性T細胞

記憶細胞

記憶細胞

記憶細胞
(memory cell)

図 53　ヒトの免疫系 ―自然免疫と獲得免疫（体液性免疫、細胞性免疫）―

マクロファージ（macrophage）、B 細胞（B lymphocyte）、T 細胞（T lymphocyte）な
どがある。体内に入ってきた異物（細菌やウイルスの表面物質や毒素）を抗原（antigen）
という。その抗原を含む異物に対して、食作用で細胞の中に取り込んで分解するような免
疫、また、異物の特徴を見分けずに手当たり次第に対抗していく免疫を自然免疫（natural
immunity, innate immunity）という。これに対し、抗原の特徴を見分けて対抗していく
方法を獲得免疫（適応免疫、acquired immunity）という。獲得免疫は体液性免疫（図 53
の左）と細胞性免疫（図 53 の右）に分けられる。まず樹状細胞やマクロファージが細菌
などを取り込み、その細菌特有の特性を示す分子を、免疫系の司令部として働くヘルパー
T 細胞（helper T cell）に伝える。これを抗原提示といい、抗原提示をする樹状細胞や
マクロファージを総称して抗原提示細胞（APC, antigen presenting cell）と呼ぶ。ヘル
パー T 細胞は、その情報を、その抗原と結合する抗体を持った B 細胞に伝える。B 細胞
は抗体（antibody）という、やり状の物質を大量に産生し、体液中に放出する。抗体は先
端の 3 か所で抗原と結合でき、その性質でネットワークのように抗原と抗体の塊を作って
凝集させたり、抗原を失活させたりすることで、好中球などが抗原を貪食（どんしょく）

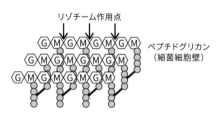

図 54　リゾチームの標的

しやすいようにする。抗原と抗体が結合する反応を抗原抗体反応といい、この免疫を、体液が舞台になるので体液性免疫（humoral immunity）という。抗体は抗原と結びついているＹの字の先端部分２か所を可変部、根元の部分を定常部（不変部）という。定常部はどの抗体においても共通であるが、可変部については、多様性を作るしくみがあり、抗原と抗体の結合は鍵と鍵穴のように特異的（相手が決まっている）になる。細菌に対する獲得免疫は体液性免疫による抗体産生によるものが多い。ウイルスに対しても、中和抗体という体液性免疫が働くこともあるが、ウイルスの細胞への侵入速度が速く、中和抗体だけでは十分でないこともある。

　ウイルス感染細胞やがん細胞は、もともと正常細胞だったものが、感染やがん遺伝子発現によって異常化したものである。そのため、細胞内に侵入したウイルスや、細胞内で暴走を始めた一部のがん遺伝子だけを攻撃することができない。したがって、細胞ごと破壊する方法をとる。ウイルス感染細胞は、ウイルス由来の抗原を自らの細胞表面に提示する。すると、細胞傷害性Ｔ細胞（キラーＴ細胞、cytotoxic T lymphocyte）がそれを認識、攻撃し破壊する。ヘルパーＴ細胞や樹状細胞は、細胞傷害性Ｔ細胞を活性化させる補助をする。がん細胞でも同様に、がん遺伝子が発現したがん特有の抗原を細胞表面に提示する。すると細胞傷害性Ｔ細胞がそれを認識、攻撃し破壊する。これは、細胞が細胞を破壊する免疫なので、細胞性免疫（cell mediated immunity）という。

　体液性免疫や細胞性免疫に関わったＢ細胞、ヘルパーＴ細胞、細胞傷害性Ｔ細胞は、それぞれの免疫反応により抗原などを減少させた後でも、同じ抗原などに対する反応性を持った細胞が、活性を落とした記憶細胞（memory cell）として残る。そして同じ抗原などが再び侵入した場合は、速やかに活性化し、速やかにそれぞれの免疫反応を引き起こす。

【61】　自然免疫

　自然免疫とは、細菌やウイルスの種類を見分ける前に働き始める免疫である。TLR（Toll like receptor、トル様レセプター）は樹状細胞、マクロファージの細胞膜表面かエンドソーム膜にある受容体である。細菌やウイルスに共通の分子を認識する。たとえば TLR2 はグラム陽性菌のペプチドグリカンやウイルスのエンベロープタンパク質、TLR4 はグラム陰性菌のリポ多糖類（☞ p. 47、図 29 の右）を認識し、TLR3、7、8、9 はウイルスなどの RNA や DNA を認識し、IFN の産生を強めるなどの働きをする。

　また、細菌やウイルスは私たちの体の表面から侵入するため、粘膜に対する免疫は強化されている。涙やだ液などには、リゾチーム（lysozyme）という酵素が含まれていて、これは細菌細胞壁の構造を破壊する性質がある。図 54 ではリゾチームの標的を示している。これらの働きも自然免疫の一種である。

【62】 サイトカインストーム

　細胞は、他の細胞に働きかけて指令を伝える役割をする分子であるシグナル分子を分泌する。このシグナル分子が血液など体液を通じて他の細胞の表面の受容体（receptor）に受け止められると、その刺激に対して、その細胞は形態や運動性が変化したり、特定の遺伝子を発現するなどの応答を行う。ヒト細胞間の情報伝達には多様なシグナル分子が関わっている。医学研究の歴史上、分泌する細胞の種類などによりグループ名がつけられてきた。たとえば、内分泌腺が出すシグナル分子をホルモン（hormone）、神経細胞間で出されるシグナル分子を神経伝達物質（transmitter）、白血球が出し他の白血球などに働きかけるシグナル分子をサイトカイン（cytokine）という。サイトカインは免疫系において、適度な炎症を引き起こしたり、他の白血球を呼び寄せ活性化するなど大切や役割を果たしている。しかし、サイトカインの過剰分泌という「免疫系の暴走」により、逆に生命に危険が及ぶことがある。嵐（storm）のようにサイトカインが分泌されるという意味でサイトカインストームと呼ばれる。具体的には、サイトカインストームによる血栓形成などで、新型コロナウイルス感染症での死亡原因の一つにあげられている。2020 年 9 月時点では、ECMO（extracorporeal membrane oxygenation、体外式膜型人工肺）や人工呼吸器での呼吸管理などと並んでサイトカインストームの防止や制御などが、中等症、重症治療において大きなポイントとなっている。

14　PCR 法

【63】 PCR 法の基本原理

　ここでは SARS-CoV-2 も含む RNA ウイルスの遺伝子検出検査法、PCR 法について説明する[46]。PCR（polymerase chain reaction、ポリメラーゼ連鎖反応）は少ない試料DNA を大量に増幅する方法である。DNA を伸長させる酵素、DNA 依存性 DNA ポリメラーゼが、鋳型鎖と相補的な塩基を持つ鎖を連続的に伸ばして DNA を二本鎖にしていく反応を連続的に繰り返すのである。

　図 55 に PCR 法の手順を示す。PCR 用のチューブに、増幅させたい DNA 試料、DNA依存性 DNA ポリメラーゼ、DNA 合成の原料である dATP、dTTP、dGTP、dCTP、DNA プライマー 2 種（増幅したい試料 DNA の各鎖の 3′ 末端側の塩基配列と相補的な塩基を持つ 20 塩基程度の短い DNA 鎖）を入れる。そして次のような流れで操作をする。

① 95℃ 処理：試料の二本鎖 DNA を一本鎖に分離する。これは高温で塩基間の水素結合が解離するためであるが、塩基そのもの、そしてヌクレオチド同士の共有結合は熱に強いので DNA の塩基配列は保たれる。

② 60℃ 処理：プライマーが各鎖の 3′ 末端側に結合する。

③ 72℃ 処理：プライマーを起点に DNA 依存性 DNA ポリメラーゼが結合し、5′ → 3′方向（鋳型鎖で見ると 3′ → 5′）に鎖を伸長させ、二本鎖が完成する。

---

[46] SARS-CoV-2 に関しても、抗原であるウイルス自体を検出する抗原検査、ウイルスに対する抗体が産生されていることを調べる抗体検査も始められているが、感染（体内への侵入）を一番正確に検査できるのは PCR 法である（2020 年 9 月現在）。

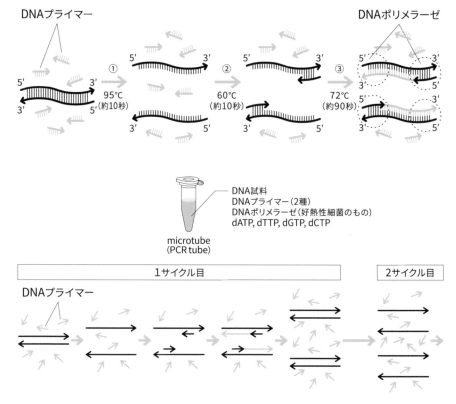

図 55　PCR 法（polymerase chain reaction）

①→②→③で二本鎖 DNA は 2 倍となり、これを 2、3、4、……サイクルと繰り返すことで、理論的には 2、4、8、16、……と増幅される。つまり n サイクル繰り返すと 2^n 倍となる。PCR 法は 60°C から 95°C で行うので、通常の真核生物の DNA 依存性 DNA ポリメラーゼは変性、失活してしまう。したがって高熱環境に棲む好熱性細菌の DNA 依存性 DNA ポリメラーゼを使う。PCR 装置では反応液を作る前処理さえしっかりしていれば、後は自動で①→②→③のサイクルを繰り返す。1 サイクルを 3 分で行うと 1 時間で 20 サイクルとなり、理論上は $2^{20}≒100$ 万倍 となり、微量の DNA からでも十分検出できる量の DNA に増やすことができる。

【64】　SARS-CoV-2 の RT-qPCR 法

　2020 年 9 月現在、各自治体の保健所や研究機関では、持ち込まれた検体に SARS-CoV-2 の RNA が存在しているかどうかを、PCR 法によって検出している。SARS-CoV-2 やノロウイルスなど、RNA ウイルスを検出するためには、正確には「RT-qPCR 法」と呼ばれる方法を使う。この方法は「RT-PCR」と「qPCR」を組み合わせたものである。

　まず、RT-PCR の「RT」とは逆転写反応（reverse transcription）のことである。一

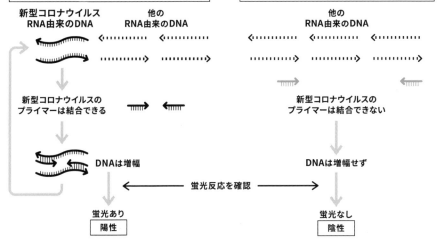

図 56 RT-qPCR 法

　一般的な PCR 法では RNA を増幅させることができないため、RNA を逆転写することで DNA に変換する処理を加える必要がある。これが RT-PCR 法である。

　一方、qPCR の「q」とは定量的（quantitative）という意味である。実際、反応液中の DNA の増幅状況を蛍光強度によりリアルタイムで測定する手法が使われている。そして、この測定結果から増幅前の DNA 量を推定する。これが qPCR 法である。具体的には、DNA と結合すると蛍光を発する色素を PCR の反応液に加えておく手法や、特定の DNA 配列が増幅されるときに分解が進んで蛍光の強さが変化する物質[*47]を反応液に加えておく手法など、複数の方法がある。なお qPCR 法は DNA の増幅状況をリアルタイムで測定して解析する手法なので「リアルタイム PCR 法」とも呼ばれる。

　これら二つを組み合わせた RT-qPCR 法では、まず、RT-PCR によって RNA を DNA に変換し、続いて、得られた DNA を qPCR によって定量して、元の RNA を検出する。

　SARS-CoV-2 の RNA を検出する実際の検査過程は次のようになる（図 56）。まず検査には、鼻咽頭ぬぐい液などが使われる。そして、その中の固形物を除去したり、タンパク質を分離して、できるだけ RNA だけを残す「前処理」を行う。RNA 中心になった処

[*47] このような物質はプローブと呼ばれる。プローブは特定の DNA 配列に結合するが、DNA の伸長反応がその場所まで到達したときに分解され、伸長反応を妨げないように設計されている。したがって、分解されたプローブの量は、増幅過程がどのくらいあったかに関連するはずである。

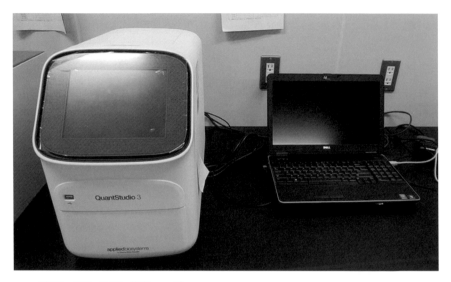

図 57　RT-qPCR 装置の一例：
QuantStudio® 3（サーモフィッシャーサイエンティフィック株式会社）

理検体には、
　1. ヒトの細胞成分に由来するヒトの RNA
　2. 他の RNA ウイルスに感染した場合はその RNA
　3. SARS-CoV-2 の RNA
などが混在している。図 56 では 1、2 を「他の RNA」と総称している。これらを逆転写すると、それぞれに由来する DNA に転換される。
　図 55 は、DNA に転換された後の qPCR 法を示す模式図である。試薬には、SARS-CoV-2 のある塩基配列に相補的なプライマーが入れてある。すると 1、2、3（あるいは 1、3）が入っていた検体の場合、3 由来の DNA が増幅する。一方、1、2（あるいは 1 のみ）が入っていた検体の場合は DNA は増幅しない。そして、DNA の増幅状況を蛍光の量で検出して解析し、増幅前の DNA 量について推定値あるいはそれに相当する指標を求める。求めた値が一定以上ある場合に「陽性」、ない場合に「陰性」と判定する。
　図 57 は、実際に使われている PCR 装置の例である[48]。

---

[48] 写真は、緊急事態宣言時に、船橋市保健所で新型コロナウイルス（SARS-CoV-2）検査に使用されていた QuantStudio® 3（サーモフィッシャーサイエンティフィック株式会社）である。他にも様々なリアルタイム PCR 装置があり、検査工程に若干の差がある。PCR 装置はドラマにも出てくる。その一つが、カナダで制作された 10 回シリーズのドラマ『アウトブレイク —感染拡大—』である。コロナウイルスの一種の感染爆発とその中での研究者、医師、政治家、患者のせめぎ合いを描いたドラマであり、科学的にも正確性が高い。なお、パンデミックを扱った邦画に『感染列島』（2009 年）もある。こちらは科学的には正確でない場面もあるが、2020 年の日本の事態の一部を予見していたとの見方もある。両作品ともに考えさせられる作品である。

あとがき

　2020 年、世界や日本で新型コロナウイルス（SARS-CoV-2）の感染者や死亡者が増加し、社会全体が価値観や生活様式まで変わることを余儀なくされた。生物学を学んだ者しか知らなかった言葉「PCR」を誰もが知り、その活用範囲を議論するようになるくらい、新型コロナウイルス（SARS-CoV-2）は社会を変えてしまった。

　2020 年 4 月には緊急事態宣言が発令され、外出自粛、ならびに予備校も含め学校は休校となった。私は予備校生物科講師として、また自治体行政に関わる者として、その自粛期間に、市民や受験生にどのように情報を発信していくかを模索した。そして YouTube にて「細胞・遺伝子・ウイルス・免疫」の講座を 31 日間毎日発信した[49]。本書はその講座をベースに書いたものである。

　市民向けの YouTube 講座を実施する上で、参考文献にあげたようにウイルス研究者や医師が書いた本を何冊も読みなおした。それらの本は、研究者、医師、医療系の学生に向けた「専門書」と一般向けの「入門書」に大別される。「専門書」では、高校の化学、生物の知識が前提とされその説明は省略されている。一方「入門書」では遺伝子の発現などの記述は省略されている。私は、なんとかその両者をつなげ、化学結合の基礎から、ウイルスに対する対抗薬までを説明しようと心がけた。本書がウイルスと遺伝子に関し理解を深めるきっかけになり、報道を理解するヒントや、参考文献にあげたような本を読み進めるきっかけとなれば幸いである。

　本書を書くにあたって、ご協力いただいたすべての方に感謝いたします。そして、何よりも、最前線で奮闘されている医療従事者や検査の技師、解明や対策のための研究をされている研究者、感染拡大防止のために奮闘されている国や自治体の保健行政関係者に感謝申し上げます。

　　　DNA 二重らせん構造の第一発見者、ロザリンド・フランクリンの生誕 100 年に。

　　　　　　　　　　　　　　　　　　　　　　　　　　2020 年 9 月 9 日　朝倉幹晴

---

*49 朝倉幹晴 YouTube チャンネル：https://www.youtube.com/user/asakuramikiharu

参考文献

[1] Bruce Alberts、Alexander Johnson、Julian Lewis、Martin Raff、Keith Roberts、Peter Walter 著、中村桂子、松原謙一 監訳、『細胞の分子生物学』第 5 版、ニュートンプレス、2010 年。ISBN 978-4-315-51867-2
(*Molecular Biology of the Cell*, Garland Science, 2007. ISBN 978-0-8153-4105-5)
※ 第 6 版、2017 年。ISBN 978-4-315-52062-0
(6th ed., Garland Science, 2014. ISBN 978-0-8153-4453-7)

[2] 中込 治一 監修、神谷 茂、錫谷 達夫 編集、『標準微生物学』第 13 版、医学書院、2018 年。ISBN 978-4-260-03456-2

[3] 高田 賢蔵 編集、『医科ウイルス学』改訂第 3 版、南江堂、2009 年。ISBN 978-4-524-24022-7

[4] 野島 博 著、『医薬 分子生物学』改訂第 4 版、南江堂、2019 年。ISBN 978-4-524-40363-9

[5] 服部 成介、水島 - 菅野 純子 著、菅野 純夫 監修、『よくわかるゲノム医学 — ヒトゲノムの基本から個別化医療まで』改訂第 2 版、羊土社、2015 年。ISBN 978-4-7581-2066-1

[6] 水谷 哲也 著、『新型コロナウイルス — 脅威を制する正しい知識』、東京化学同人、2020 年。ISBN 978-4-8079-0985-8

[7] 山内 一也 著、『ウイルスの意味論 — 生命の定義を超えた存在』、みすず書房、2018 年。ISBN 978-4-622-08753-3

[8] 河岡 義裕、今井 正樹 監修、『猛威をふるう「ウイルス・感染症」にどう立ち向かうのか』、ミネルヴァ書房、2018 年。ISBN 978-4-623-08081-6

[9] 武村 政春 著、『生物はウイルスが進化させた — 巨大ウイルスが語る新たな生命像』、ブルーバックス 2010、講談社、2017 年。ISBN 978-4-06-502010-4

[10] 中屋敷 均 著、『ウイルスは生きている』、講談社現代新書 2359、講談社、2016 年。ISBN 978-4-06-288359-7

[11] 髙田 礼人 著、萱原 正嗣 構成、『ウイルスは悪者か — お侍先生のウイルス学講義』、亜紀書房、2018 年。ISBN 978-4-7505-1559-5

[12] Lewis Thomas, *The Lives of a Cell: Notes of a Biology Watcher*, Viking Press, 1974. ISBN 0-670-43442-6

[13] Robert A. Weinberg 著、武藤 誠、青木 正博 訳、『がんの生物学』南江堂、2008 年。ISBN 978-4-524-24307-5

[14] 山内 一也 著、『ウイルスの世紀: なぜ繰り返し出現するのか』、みすず書房、2020 年。ISBN 978-4-622-08926-1

[15] 石川 統、黒岩 常祥、塩見 正衞、松本 忠夫、守 隆夫、八杉 貞雄、山本 正幸 編集、『生物学辞典』、東京化学同人、2010 年。ISBN 978-4-8079-0735-9

[16] 朝倉 幹晴 著、『休み時間の生物学』、休み時間シリーズ、講談社、2008 年。ISBN 978-4-06-155701-7

[17] 北原 雅樹 監修、朝倉 幹晴、田野尻 哲郎 著、『病気とくすりの基礎知識』、講談社サイエンティフィク、2013 年。ISBN 978-4-906464-18-0

ウイルスと遺伝子

2020 年 9 月 9 日 初版 発行
2020 年 12 月 23 日 初版 第 2 刷 発行

著 者	朝倉 幹晴（あさくら みきはる）
発行者	星野 香奈（ほしの かな）
発行所	同人集合 暗黒通信団（http://ankokudan.org/d/）
	〒277-8691 千葉県柏局私書箱 54 号 D 係
本 体	500 円 / ISBN978-4-87310-245-0 C0045

Σ∞ 乱丁・落丁は大いなる進化の可能性を秘めています。